MOTIF 124 & COLOR 578

124 种花片、578 种色彩

针尖上的色彩变奏曲
钩织花片配色事典

日本光晕组合　编著
余本学　译

河南科学技术出版社
·郑州·

LET'S ENJOY KNITTING!

前言

大家好！我们是光晕组合。当你第一眼看到《针尖上的色彩变奏曲：钩织花片配色事典》这本书时，一定会在心里嘀咕："好长的书名呀"。但是，我们希望您注意到的是，书名中，"色"字出现了两次。不错，本书正是一本执着于色彩的书。

我们，光晕组合，是独一无二的色彩创作组合。本书中，热爱色彩的我们使用了约300种毛线，创作了452片花片和126种配色示例。通过这些作品，大家可以发现，即使是同一种花片，改变一下配色方法，也会

给人带来全新的感觉。而且，即使是相同颜色的毛线，材质和粗细不同，钩织出来的作品给人的感觉也有很大的差异。将花片连接在一起，做成一件物品，实物的效果也完全超出我们的想象。因此，色彩的运用和配色是钩织花片特有的乐趣。

我想钩织五颜六色的花片、我想使用那个颜色但是不太懂组合的方法、我不想照本宣科而想尝试一些富有创意的配色等等，这本书就是专为有这样或那样想法的您服务的。请一定怀着对色彩的热爱之心进行创作！

顺便说一下，本页的插图——花篮，是我们自己创作的作品。只是一种简单的花片而已，给它们注入不同的颜色后，便有了这般迷人的魅力，真是我们没有料到的！能够让大脑中的想法变成实实在在的物品，这也是钩织花片独特的魅力吧。

光晕组合

目录

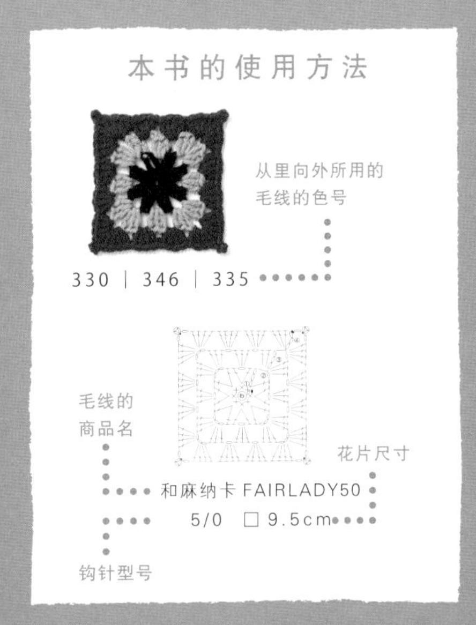

※ 书中花片的尺寸，一般以边长或直径计算。根据钩织的松紧情况，可能会有细微的差别。

※ 书中的花片在完成钩织时都经过了熨烫，据此绘制钩织图。

※ 由于印刷条件所限，书中的花片以及作品的颜色可能和实物略有差异，敬请理解。

SQUARE

正方形

初学者也很容易钩织的正方形花片。

如果想要钩织毛毯、沙发罩等大件物品，

首先要从这个形状入手。

※正方形花片的尺寸以边长计算。

46 | 111 | 36

120 | 36 | 97

36 | 67 | 63

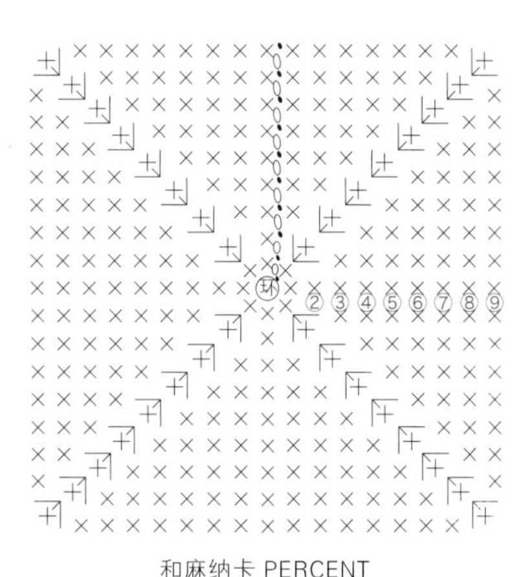

和麻纳卡 PERCENT
5/0 □ 8cm

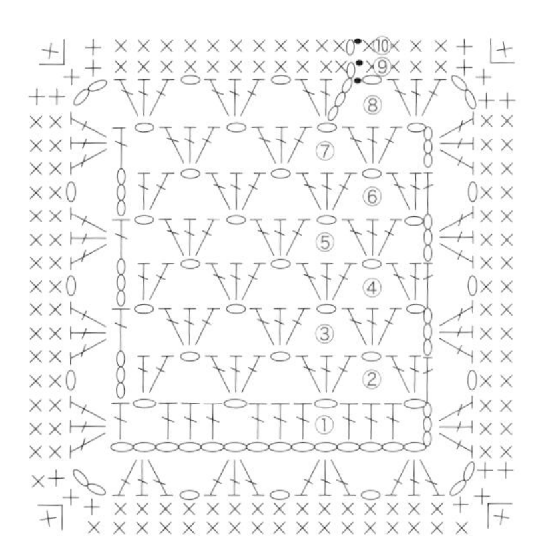

和麻纳卡 WANPAKU-DENIS
5/0 □ 10.5cm

20 | 10 | 53 | 16

3 | 15 | 49 | 16

8 | 9 | 51 | 16

1 | 20

20 | 1

20 | 1

和麻纳卡 PICCOLO
4/0 □ 10.5cm

2色配色。将左右2种颜色对调，每一行以及随意钩织的地方也都调换一下颜色，即使只有2种颜色也产生了截然不同的效果。

6 | 20

20 | 6

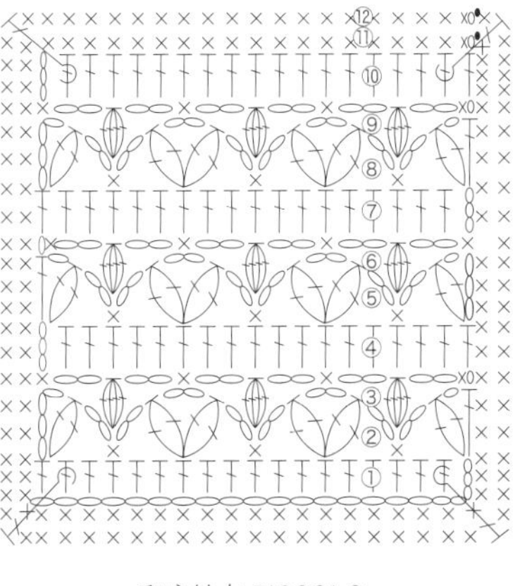

和麻纳卡 PICCOLO

4/0 □10cm

110 | 75

35 | 72

39 | 102

和麻纳卡 PERCENT

5/0 □10.5cm

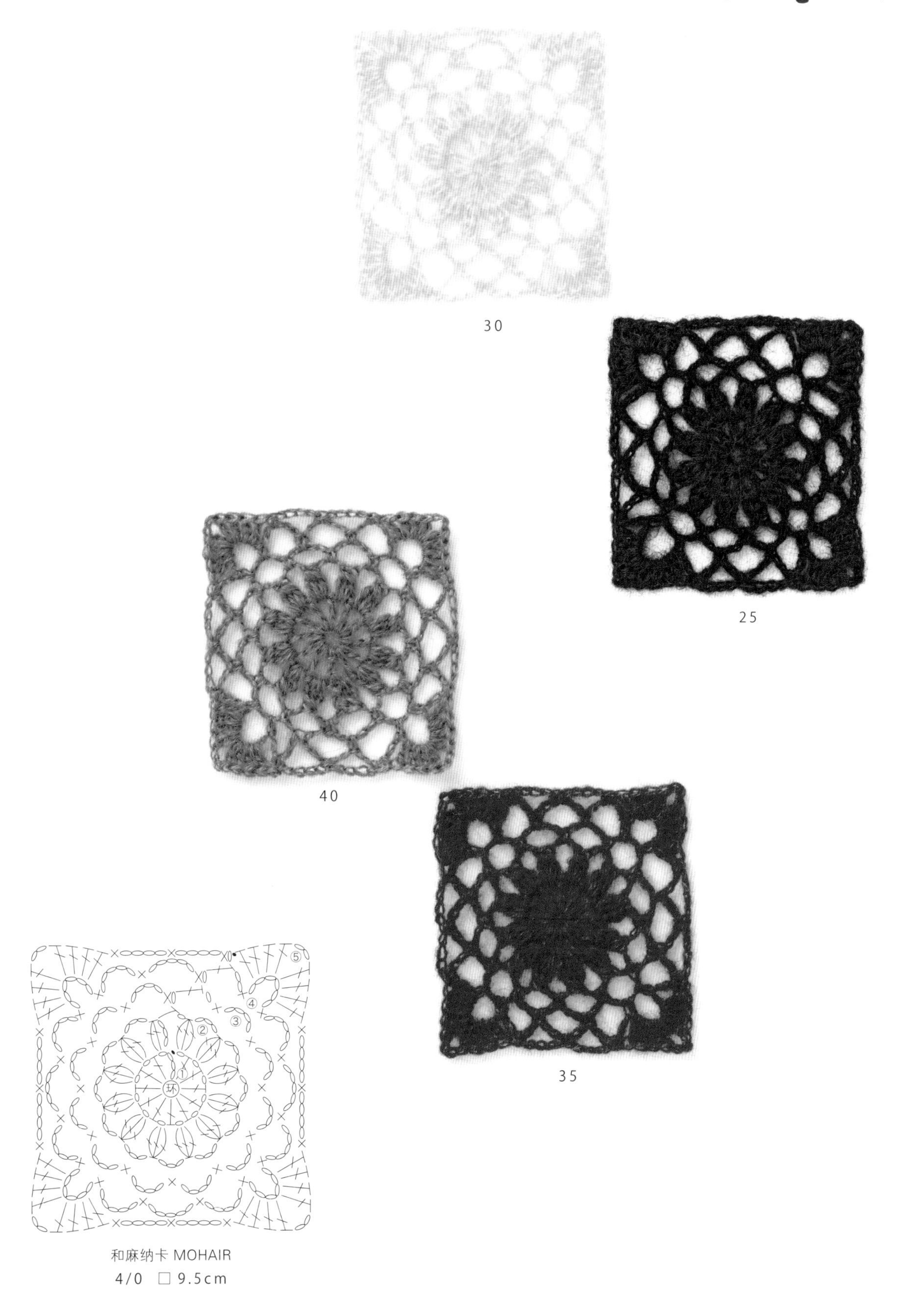

30

25

40

35

和麻纳卡 MOHAIR
4/0 □ 9.5cm

和麻纳卡 EXCEED WOOL L〈中粗〉
330 | 346 | 335
5/0 □ 9.5cm

和麻纳卡 FAIRLADY 50
101 | 8
5/0 □ 9.5cm

和麻纳卡 FAIRLADY 50
9 | 102
5/0 □ 9.5cm

和麻纳卡 EXCEED WOOL L〈中粗〉
313 | 345 | 328
5/0 □ 9.5cm

225 | 239 | 225

238 | 210 | 238

237 | 211 | 237

和麻纳卡 EXCEED WOOL FL〈粗〉
4/0 □7cm

1 | 73 | 111 | 70

114 | 72 | 25 | 112

17 | 33 | 1 | 102

111 | 25 | 70 | 79

112 | 72 | 25 | 111

70 | 25 | 52 | 72

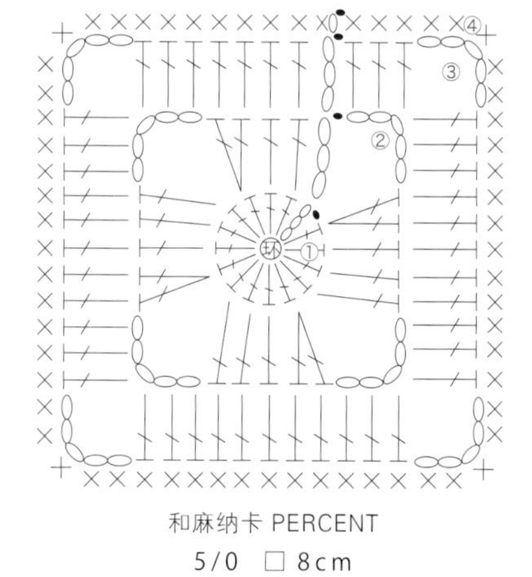

和麻纳卡 PERCENT

5/0 □ 8cm

NO.1 Blanket

毛毯

钩织毛毯等大件物品时，需要先钩织大量的小花片。所以，不用严格遵循书中的配色。从"PERCENT"等有上百种颜色的毛线中选择自己喜欢的颜色，尽情按照自己的意愿享受配色的乐趣，岂不更美好?

⇒制作方法：P177

11

15

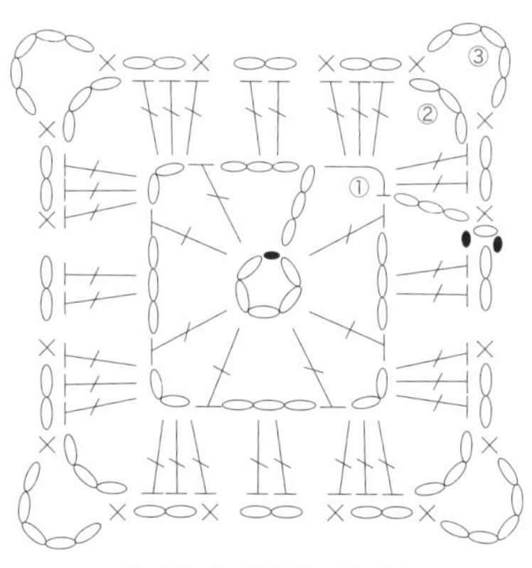

和麻纳卡 CANADIAN 3S

10/0 □11.5cm

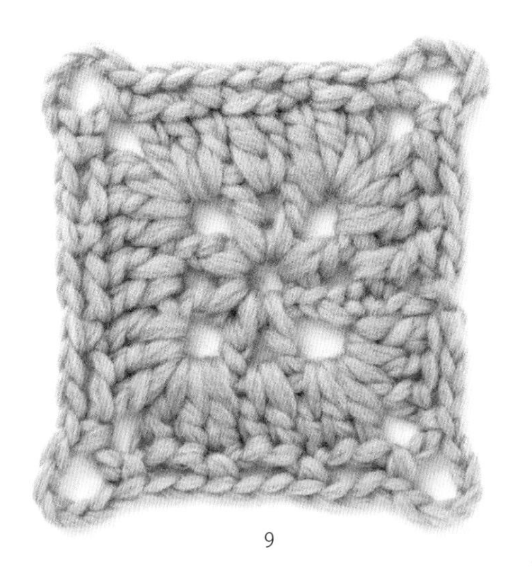

9

3

12

用织毛衣用的粗毛线快速钩织，只有1片便非常具有存在感。尽情享受羊毛特有的手感吧！

131 | 103 | 134

132 | 135 | 126

112 | 116 | 106

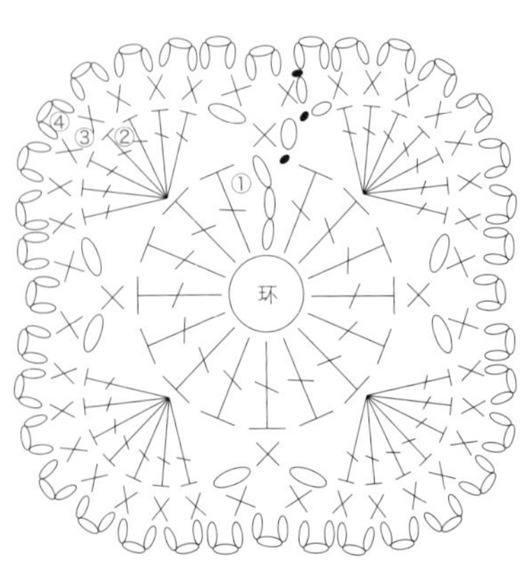

和麻纳卡 LOVE BONNY
5/0 □ 11cm

36 | 1

21 | 1

22 | 1

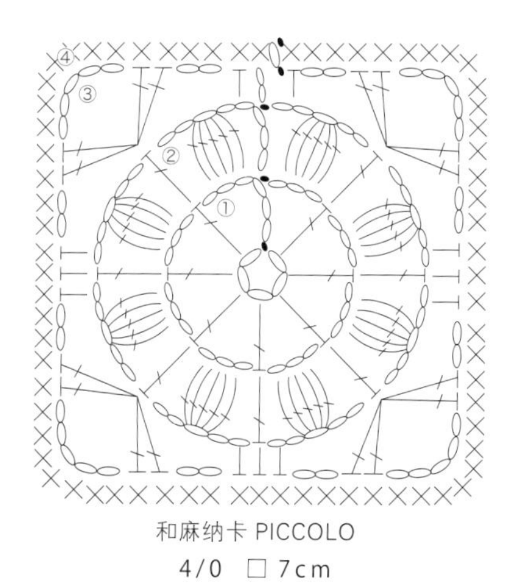

和麻纳卡 PICCOLO
4/0 □7cm

4 | 6 | 3 | 74

4色配色。用马海毛（MOHAIR）等能够给人柔和印象的毛线以及颜色进行钩织，即使使用多种颜色也不会显得花哨，钩织出来的花片很有质感。

4 | 92 | 33 | 1

4 | 62 | 93 | 31

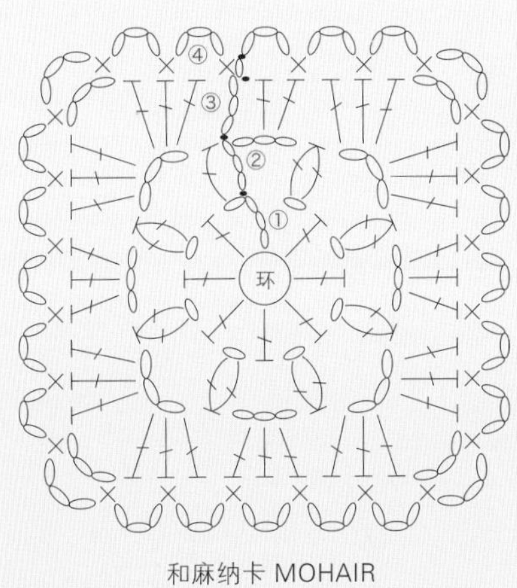

和麻纳卡 MOHAIR
4/0 □7cm

45 | 30 | 1

80 | 35 | 1

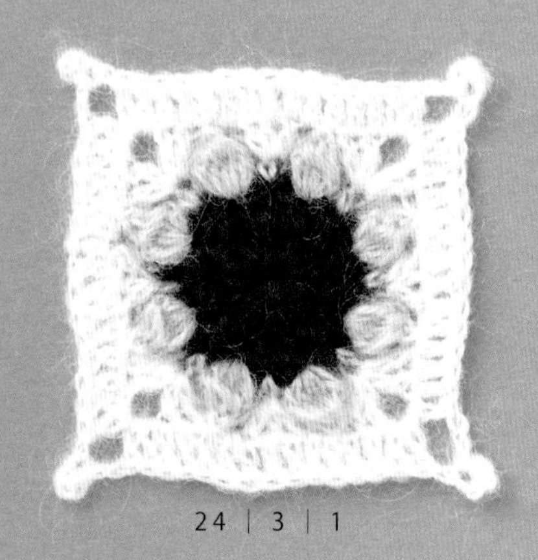

24 | 3 | 1

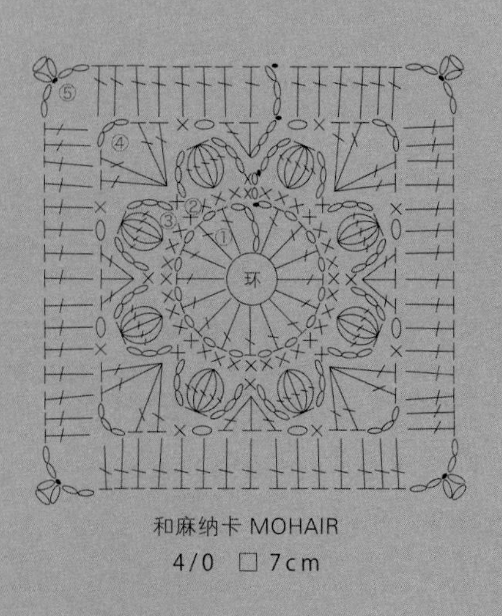

和麻纳卡 MOHAIR

4/0 □7cm

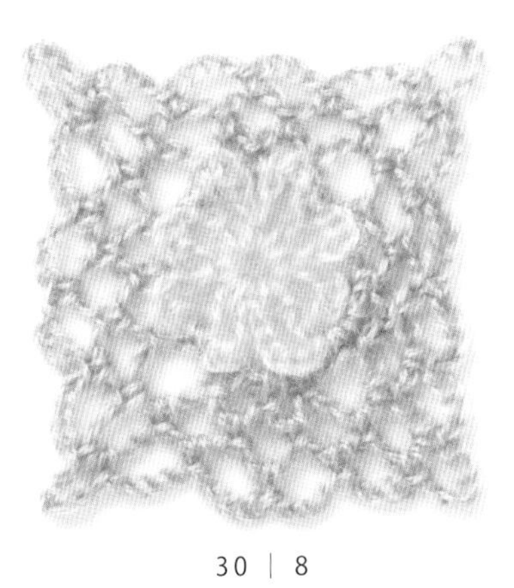

30 | 8

35 | 74

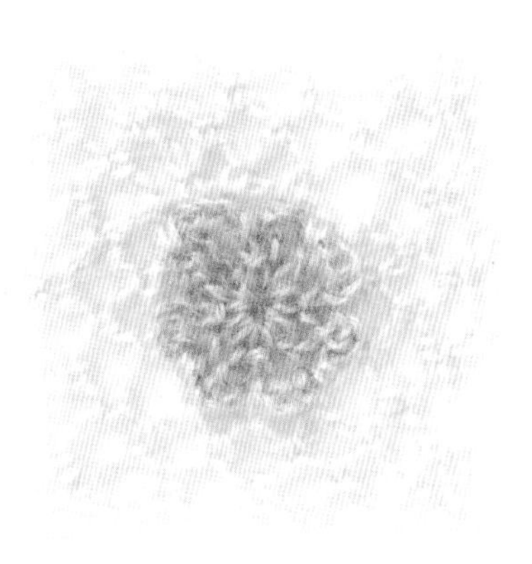

80 | 2

和麻纳卡 MOHAIR
4/0 □ 6.5cm

330

335

342

312

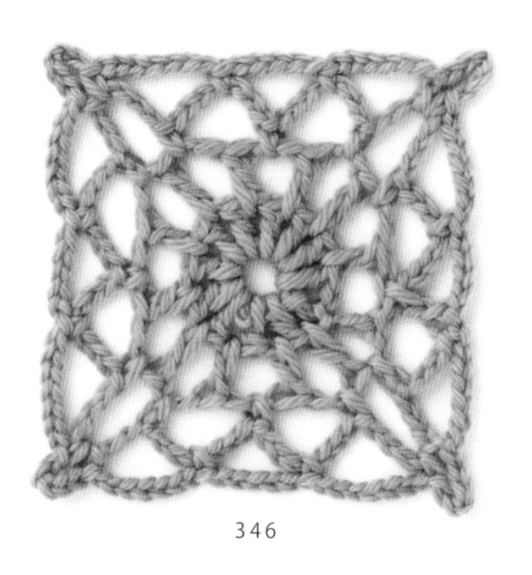

346

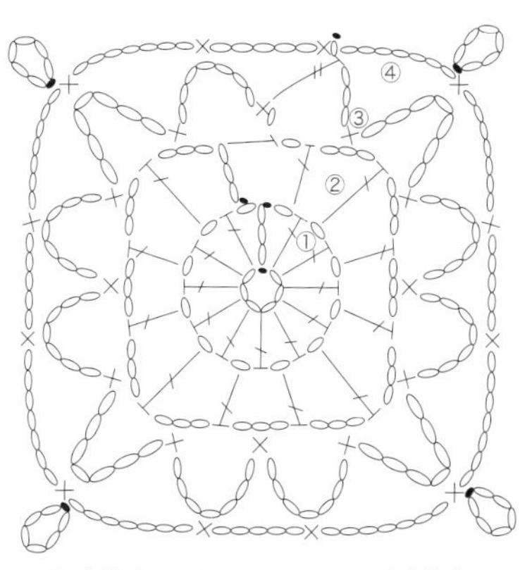

和麻纳卡 EXCEED WOOL L〈中粗〉

5/0 □9.5cm

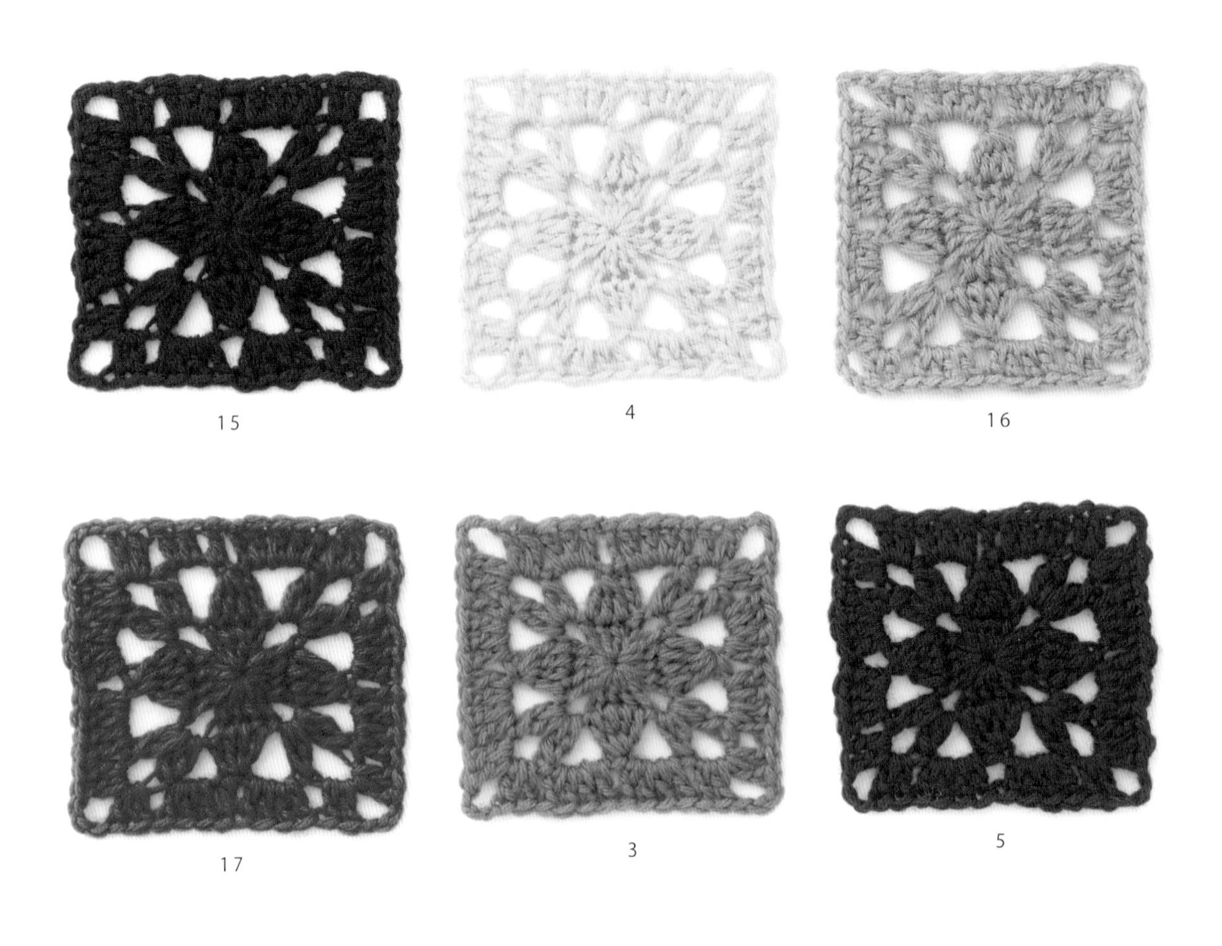

15　4　16

17　3　5

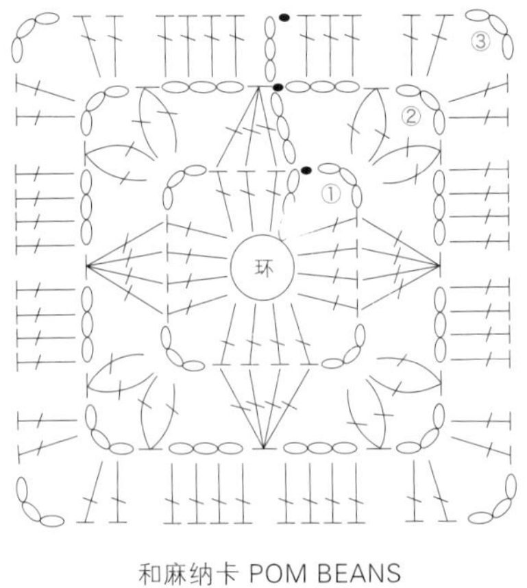

和麻纳卡 POM BEANS

5/0　□ 9cm

NO.2
Belt
饰带

饰带等充满时尚要素的配饰一定要选择喜欢的颜色，使其成为服装搭配的亮点。像“POM BEANS”那样颜色种类丰富又不过于华丽的毛线，无论使用多少种颜色都可以做出时尚的感觉。流苏的长短和粗细依个人喜好而定。

⇒制作方法：P178

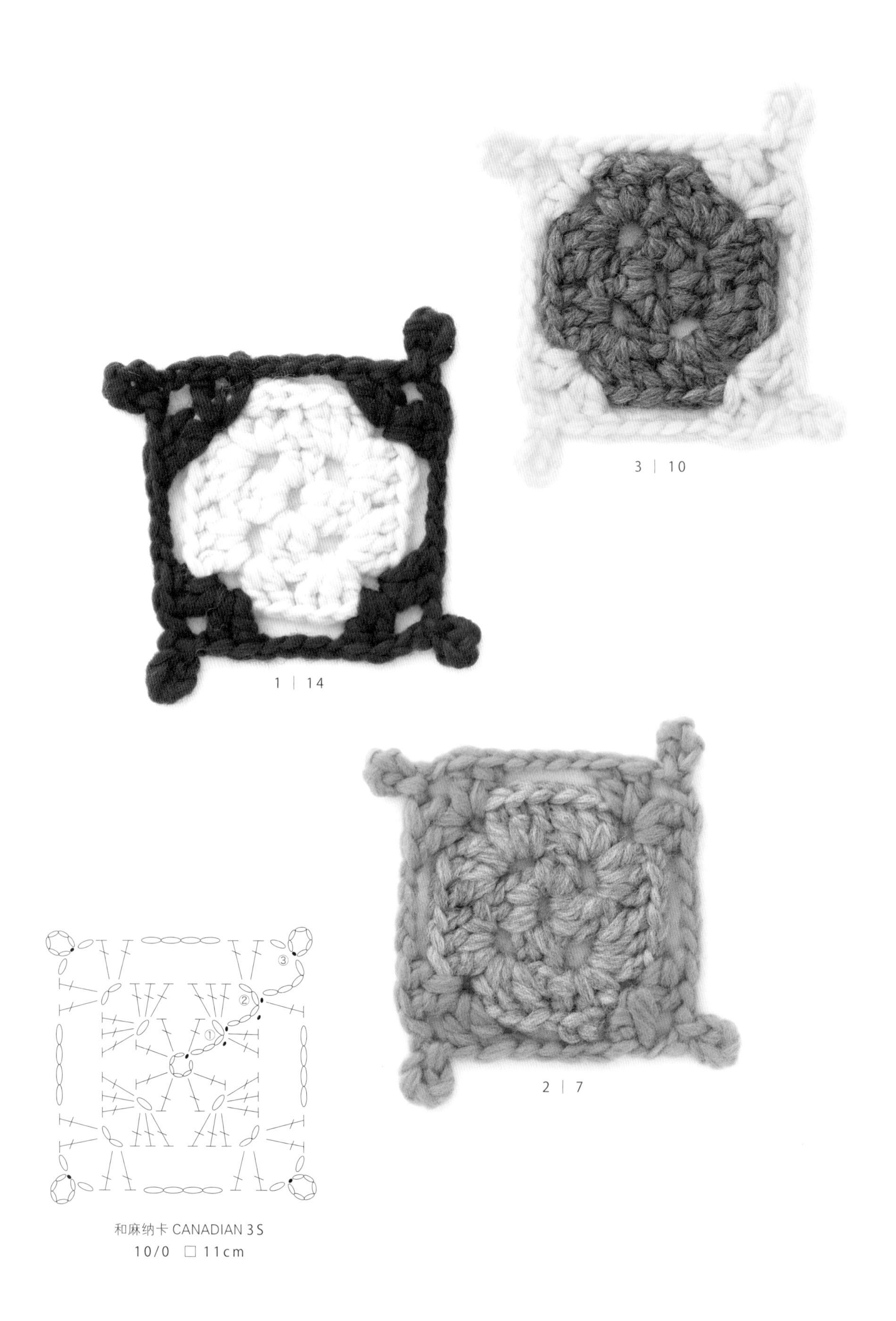

3 | 10

1 | 14

2 | 7

和麻纳卡 CANADIAN 3S

10/0 □11cm

119 | 131 | 112

119 | 126 | 113

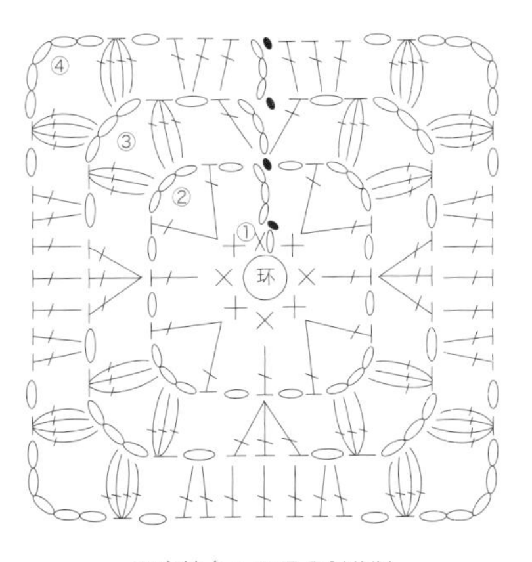

和麻纳卡 LOVE BONNY

5/0 □12cm

496 | 415 | 402

486 | 424 | 402

462 | 474 | 402

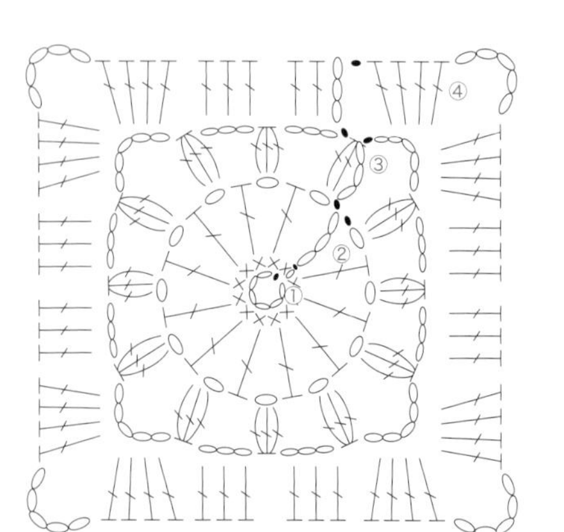

和麻纳卡 BONNY
7.5/0 □ 13cm

2 | 101 | 56 | 74 | 102

2 | 89 | 87 | 48 | 102

2 | 82 | 8 | 80 | 102

和麻纳卡 FAIRLADY 50
5/0 □ 12cm

4 | 10

10 | 4

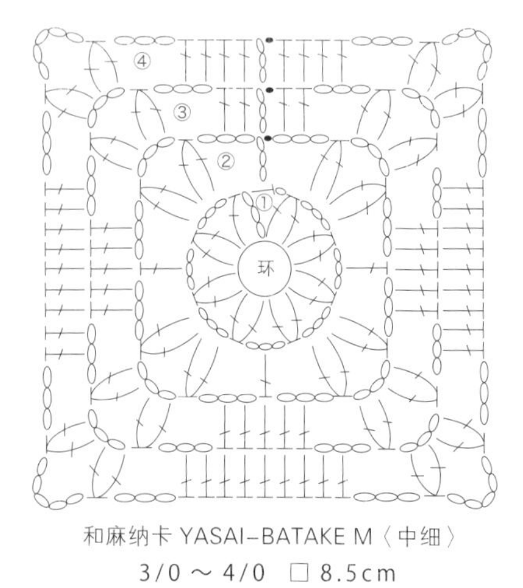

和麻纳卡 YASAI-BATAKE M〈中细〉

3/0 ～ 4/0 □ 8.5cm

26 | 32

24 | 21

21 | 24

32 | 26

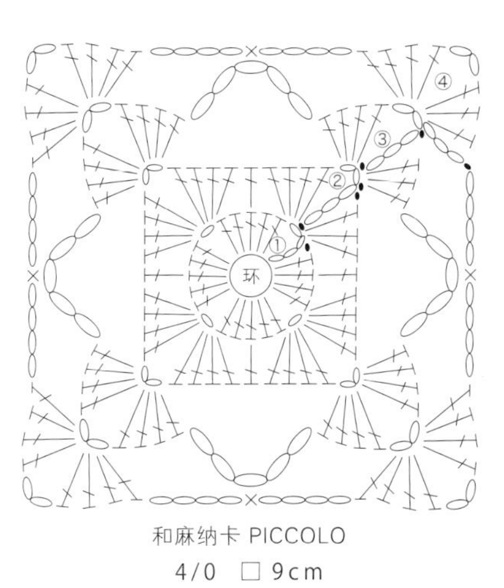

和麻纳卡 PICCOLO

4/0 □9cm

25 | 75 | 17

17 | 25 | 75

75 | 17 | 25

和麻纳卡 PERCENT

5/0 □5.5cm

8 | 16

5 | 26

9 | 32

取 2 根相同种类的毛线进行钩织。将相同色系的深色和浅色组合在一起，浅色比深色看起来更加醒目。

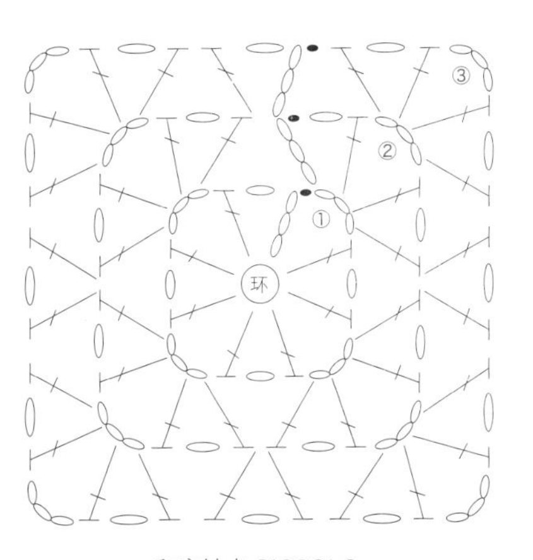

和麻纳卡 PICCOLO
4/0 □ 6.5cm
※ 取 2 根和麻纳卡 PICCOLO 毛线进行钩织。

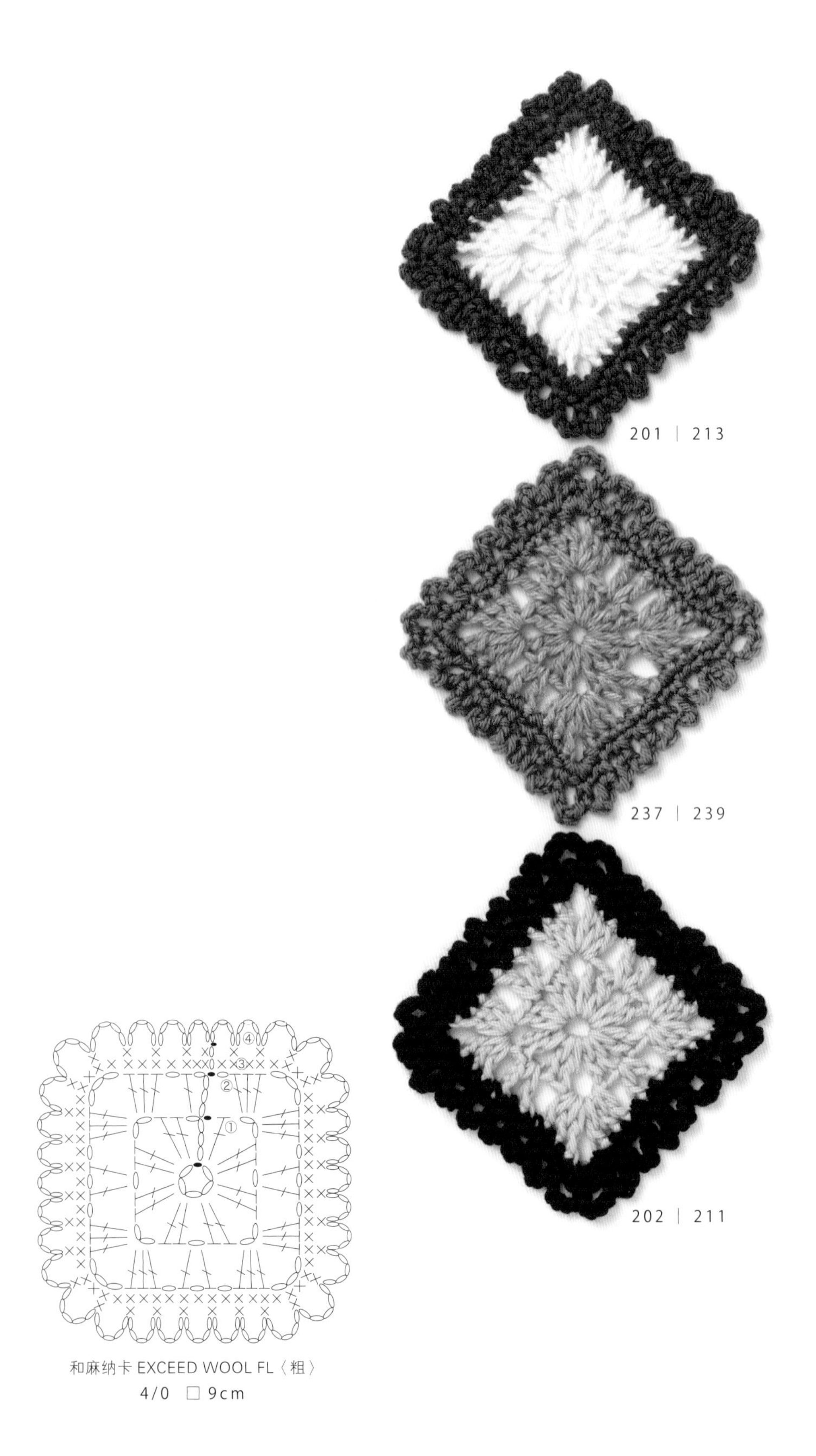

和麻纳卡 EXCEED WOOL FL〈粗〉
4/0 □ 9cm

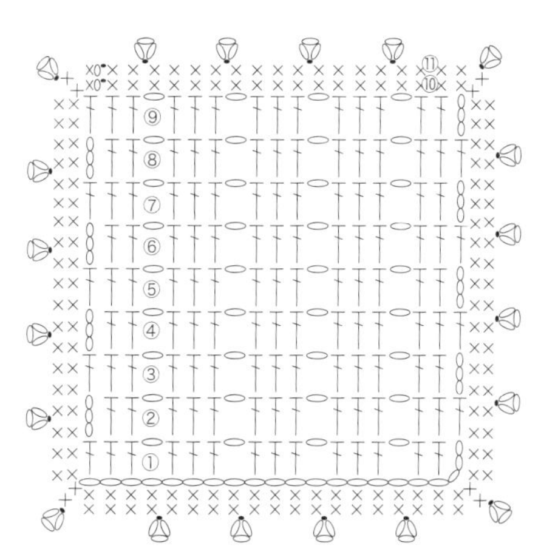

和麻纳卡 WANPAKU-DENIS
5/0 □11.5cm

16 | 9 | 20

使用 3 种颜色，改变不同颜色所处的位置进行钩织。将其连接在一起的时候，就会构成颇具艺术感和个性的花样。

16 | 20 | 9

和麻纳卡 POM BEANS
5/0 □ 8.5cm

19 | 1

12 | 8

11 | 7

和麻纳卡 POM BEANS

5/0 □ 9.5cm

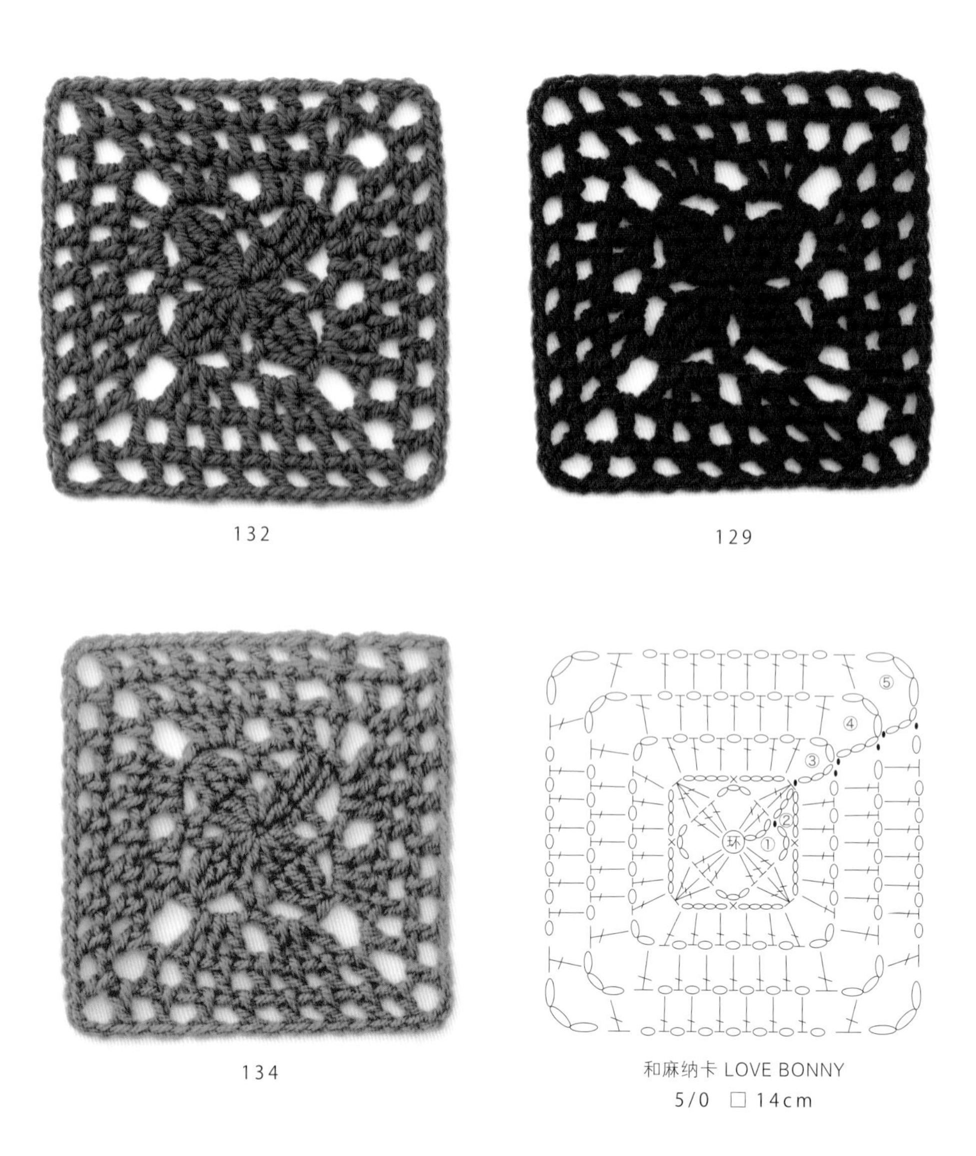

132

129

134

和麻纳卡 LOVE BONNY
5/0 □ 14cm

CIRCLE

圆形

只需一片便具有十分的可爱，
这就是圆形花片。
一圈一圈地钩织，然后尽情地享受
将大大小小的花片组合在一起的乐趣。

※ 圆形花片的尺寸以直径计算。

468 | 486 | 478 | 462 | 407

5色配色。多种颜色的毛线组合在一起进行钩织时，不限定每种颜色的多少，可以按照自己的想法随意变换颜色，这样钩织出来的花片会很有艺术感。

486 | 462 | 407 | 478 | 468

407 | 468 | 478 | 486 | 462

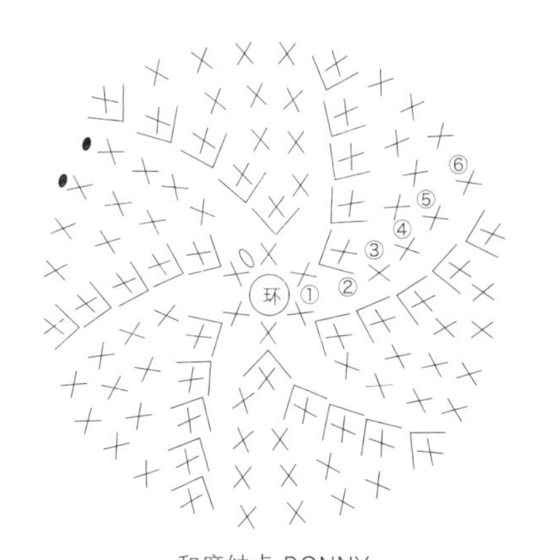

和麻纳卡 BONNY

7.5/0　φ10cm

※ 根据个人喜好决定每种颜色的使用量。

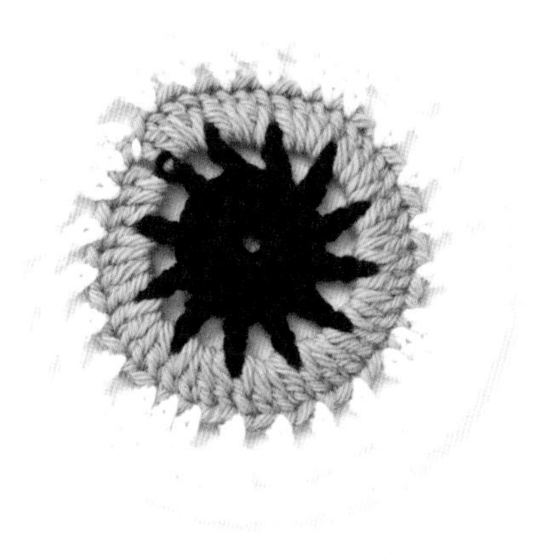

330 | 346 | 301

313 | 345 | 319

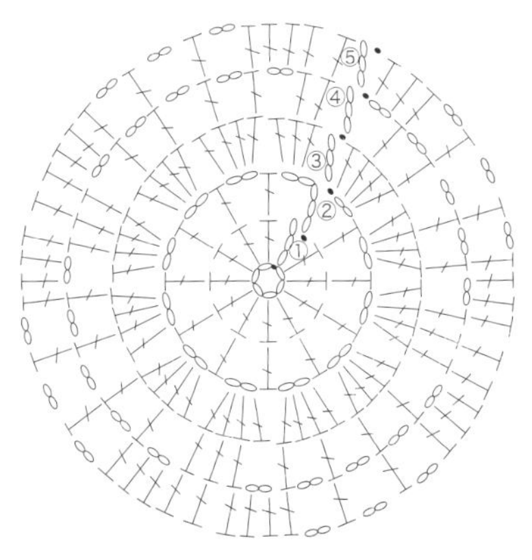

和麻纳卡 EXCEED WOOL L〈中粗〉
5/0 ϕ13cm

103 | 96 | 61

25 | 70 | 96

96 | 60 | 107

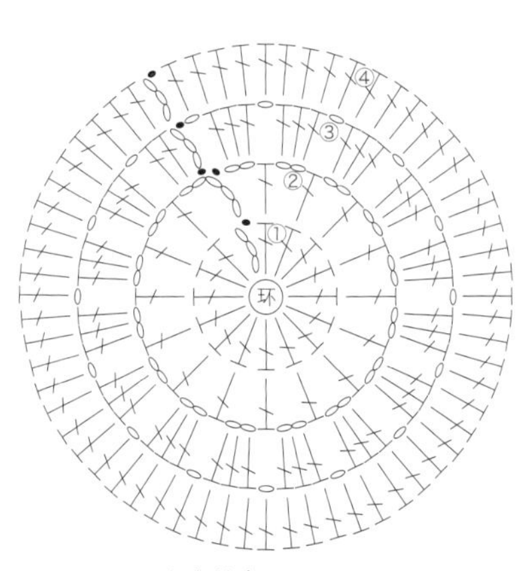

和麻纳卡 PERCENT
5/0　φ9.5cm

101 | 9 | 8

87 | 53 | 80

102 | 57 | 74

和麻纳卡 FAIRLADY 50
5/0 φ9.5cm

25 | 30 | 4 | 26

3片花片中心和边缘的颜色固定，其他区域的2种颜色任意。钩织出来的花片连接在一起时，会给人带来很强的一体感。

25 | 17 | 7 | 26

25 | 37 | 16 | 26

和麻纳卡 PICCOLO
4/0 φ7.5cm

89 | 87 | 80

101 | 57 | 102

102 | 57 | 101

80 | 87 | 89

和麻纳卡 FAIRLADY 50
5/0 ϕ9.5cm

308 | 301 | 315

342 | 328 | 343

302 | 343 | 328

335 | 308 | 342

308 | 310 | 340

使用相近的颜色进行配色。
5片花片的色彩风格具有一致性，随意将几片花片组合在一起也非常协调。

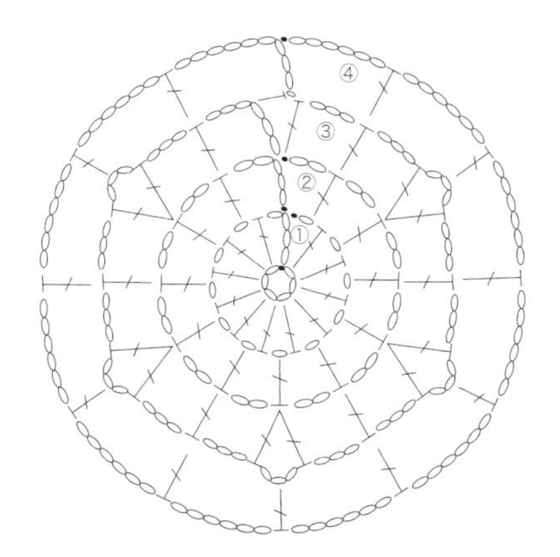

和麻纳卡 EXCEED WOOL L〈中粗〉
5/0 ϕ11cm

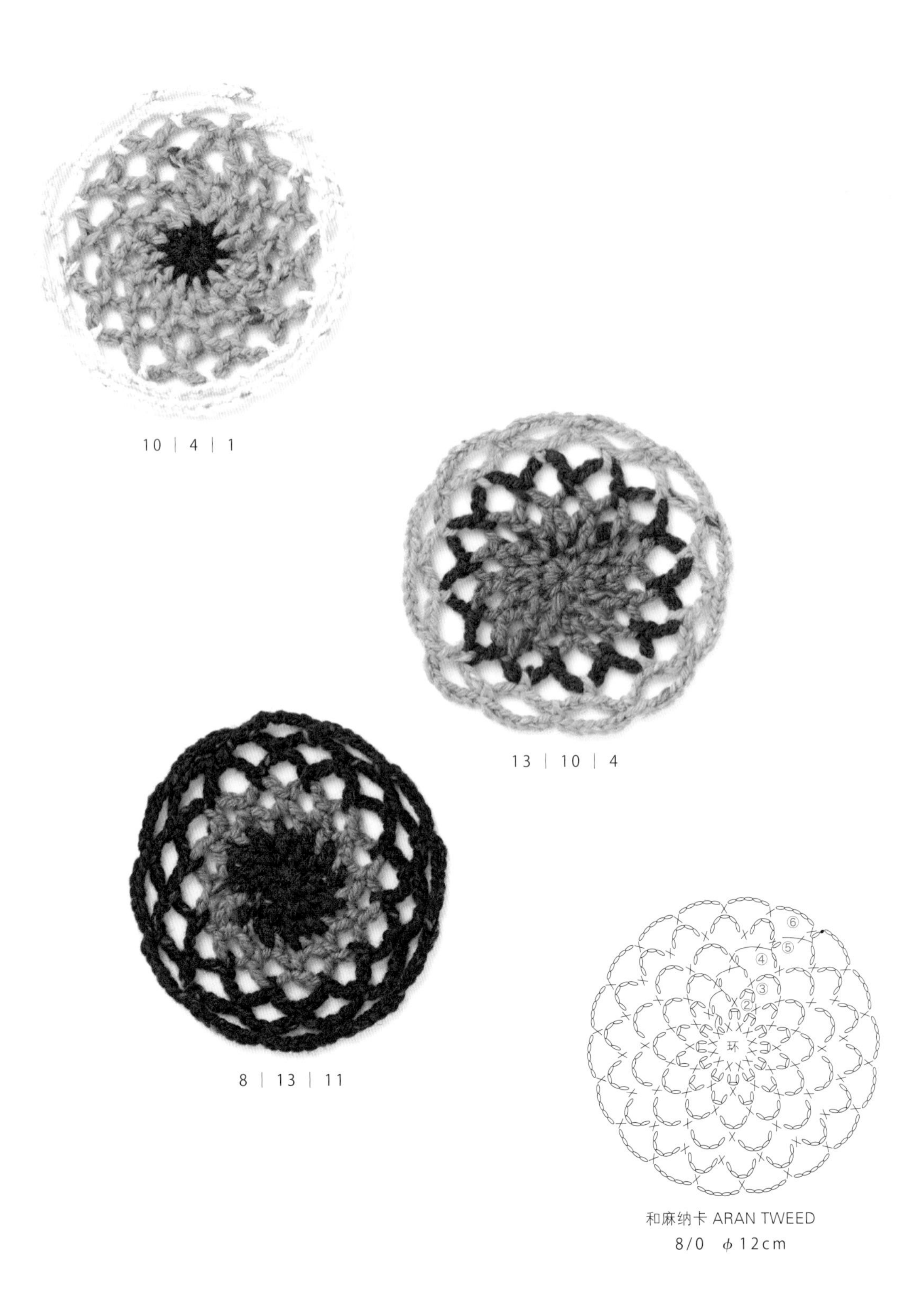

和麻纳卡 ARAN TWEED
8/0 ϕ12cm

17 | 16 | 22

24 | 1 | 22

36 | 33 | 22

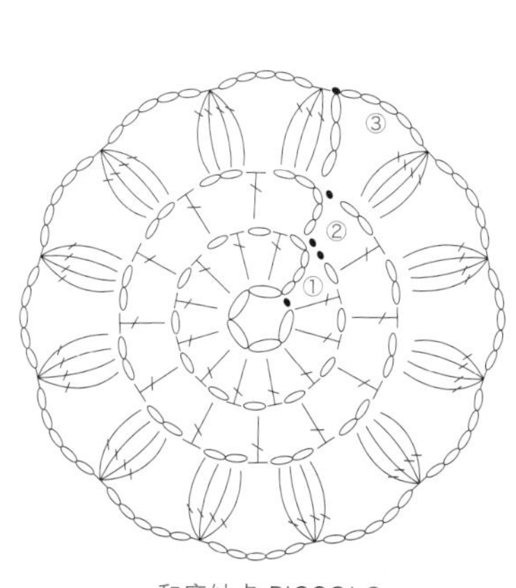

和麻纳卡 PICCOLO
4/0 φ8.5cm

中心连接一个毛绒球，钩织具有立体感的花片。用来装饰项链、胸针或者是边缘，非常可爱！

89

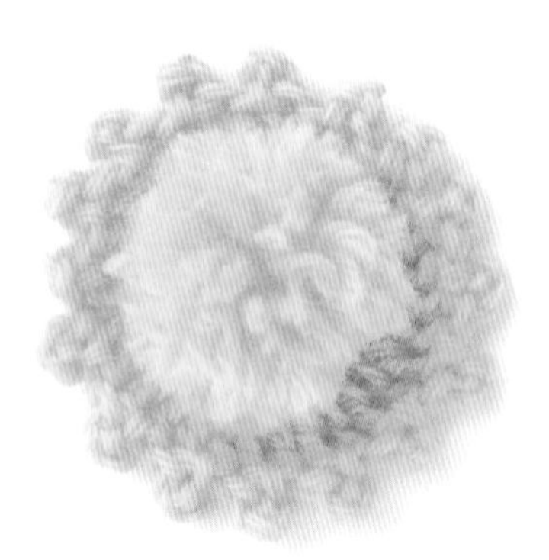

101

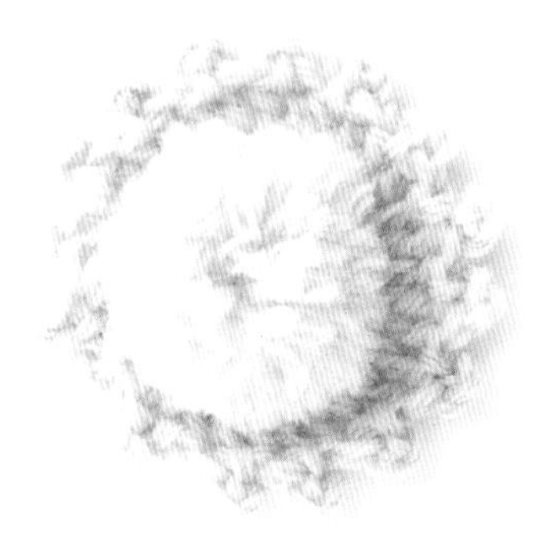

120

1

100

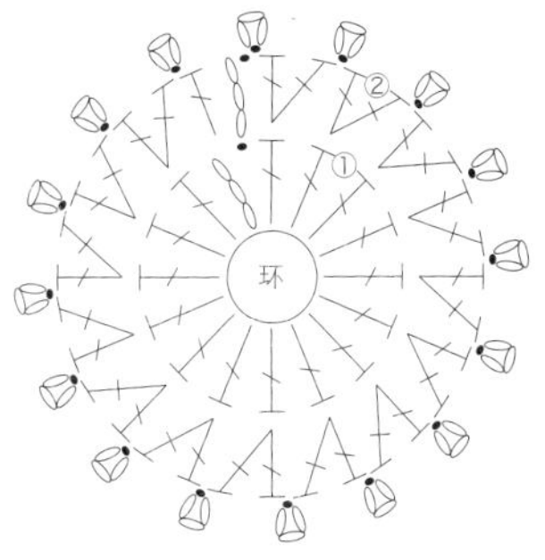

和麻纳卡 PERCENT

5/0　φ5.5cm

※ 绒球的制作方法请参照 P191。

如果想将花片组合得非常漂亮，就需要使用色调差别较小的 2 种颜色进行钩织。即使每一行换一次颜色，也会保持原有的静谧之感。

201 | 237

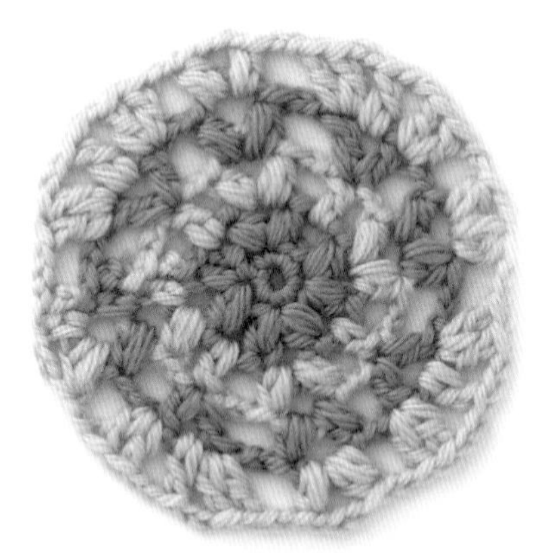

203 | 202

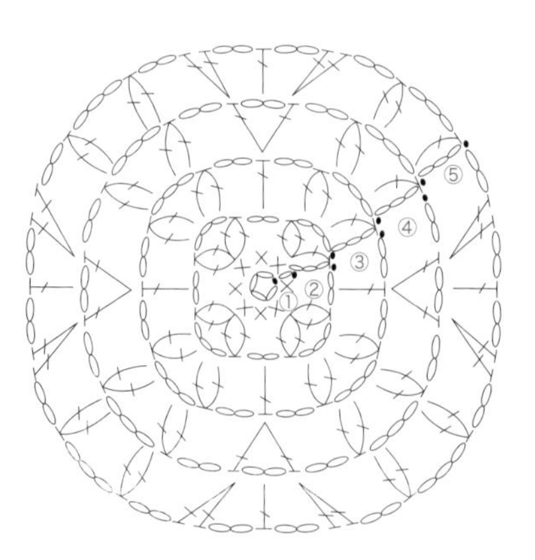

和麻纳卡 EXCEED WOOL FL〈粗〉
4/0 φ7cm

5 | 53 | 107

25 | 97 | 61

61 | 25 | 97

107 | 5 | 53

和麻纳卡 PERCENT
5/0 ϕ11cm

202 | 206

203 | 206

208 | 206

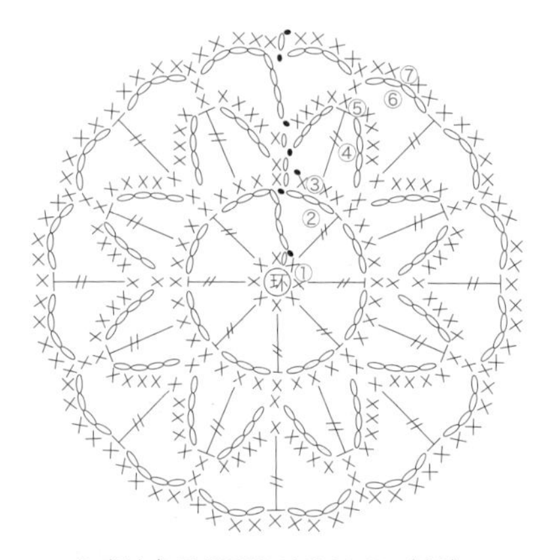

和麻纳卡 EXCEED WOOL FL〈粗〉

4/0　ϕ11cm

320 | 313

332 | 310

324 | 305

和麻纳卡 EXCEED WOOL L〈中粗〉
5/0 ϕ11.5cm

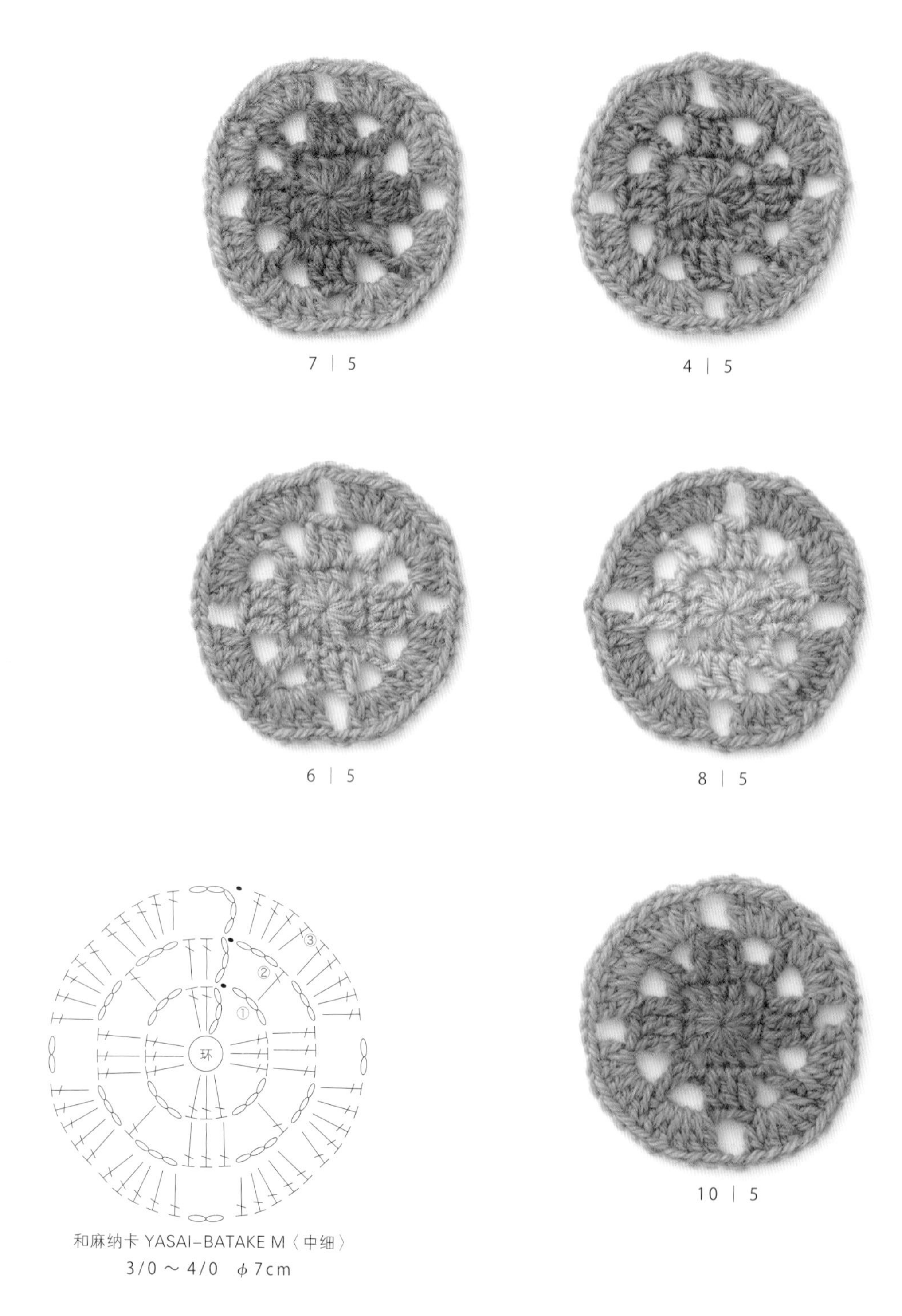

和麻纳卡 YASAI-BATAKE M〈中细〉
3/0 ～ 4/0　φ7cm

杯垫和防滑垫

钩织杯垫和防滑垫等厨房用品时，使用和麻纳卡 YASAI-BATAKE〈中细〉等用植物染色的毛线，会觉得比较安心。杯垫一般由一片花片组成，即使是相同的花片，也可以加入一些变化。

⇒制作方法：P179

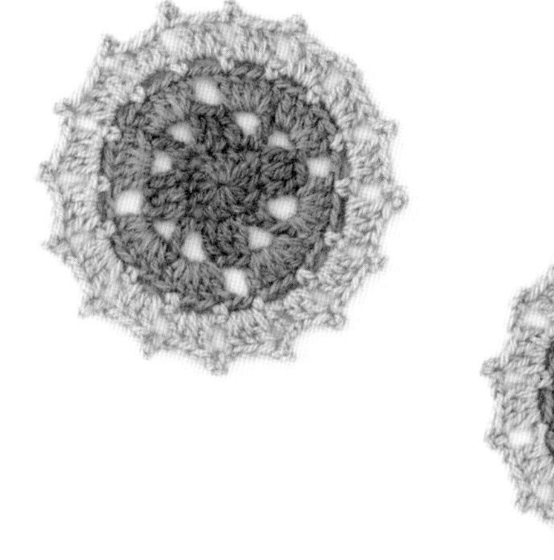

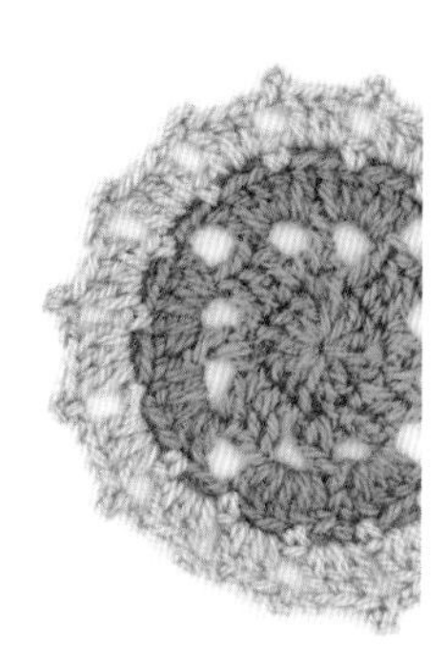

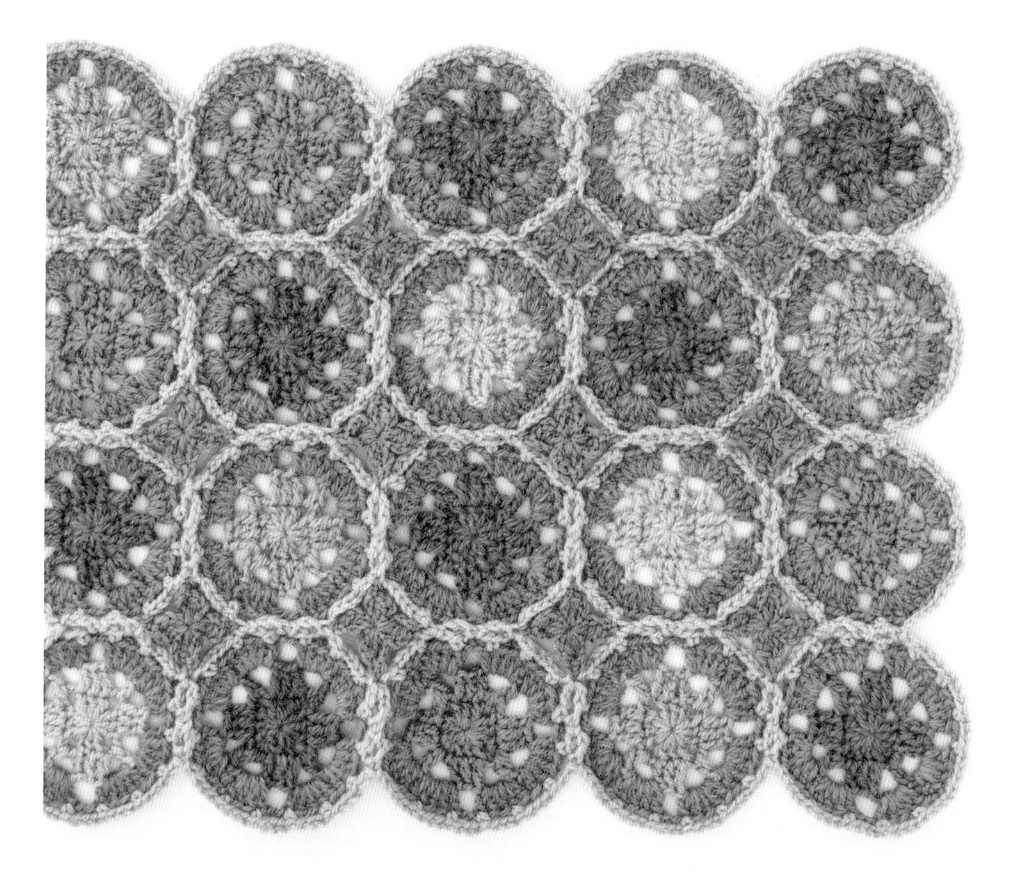

242 | 223 | 201

201 | 242 | 225

用白、蓝色调的毛线钩织雪花形状的花片，既可以用作圣诞节的装饰，也可以用来装饰卡片，可以尽情享受不同用途带来的乐趣。

和麻纳卡 EXCEED WOOL FL〈粗〉
4/0 ϕ9cm

225 | 223 | 201

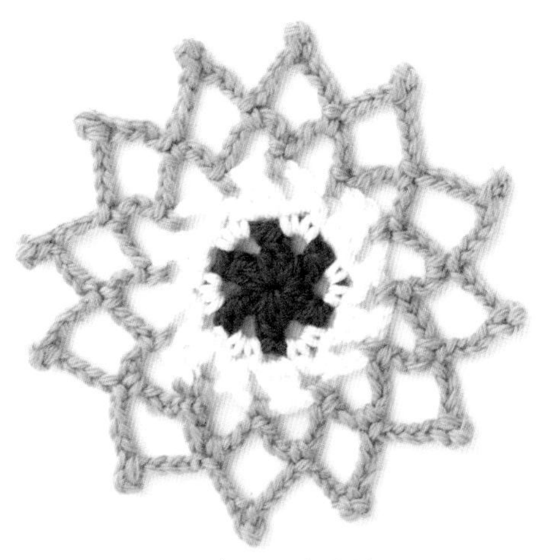

226 | 201 | 242

36 | 70 | 46

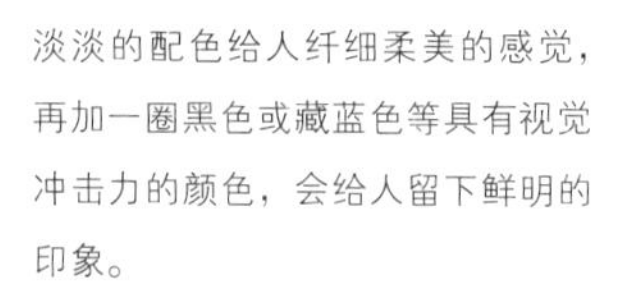

淡淡的配色给人纤细柔美的感觉，再加一圈黑色或藏蓝色等具有视觉冲击力的颜色，会给人留下鲜明的印象。

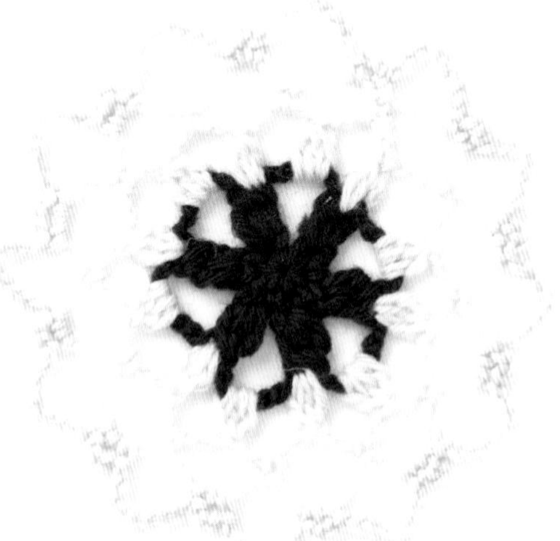

46 | 36 | 70

和麻纳卡 PERCENT
5/0 ϕ13cm

41 | 3

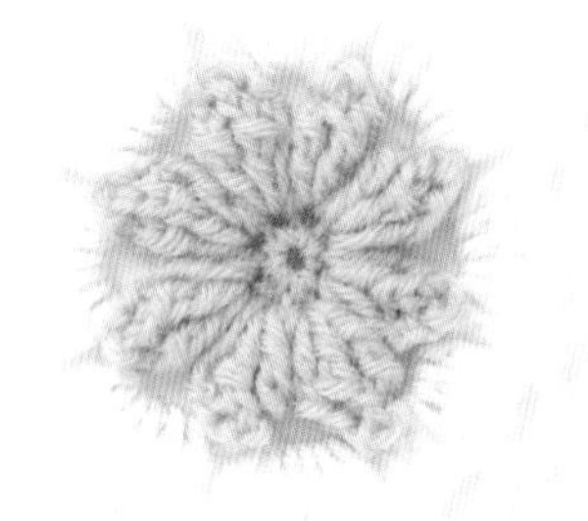

12 | 1

4 | 16

和麻纳卡 PICCOLO
4/0 ϕ8.5cm

346 | 305 | 335

332 | 302 | 342

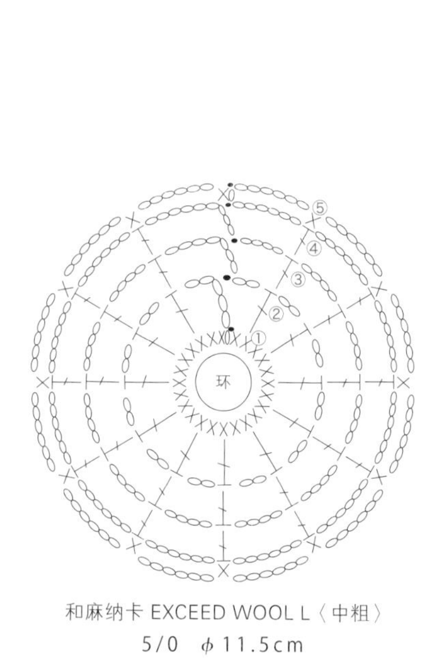

和麻纳卡 EXCEED WOOL L〈中粗〉
5/0 ϕ11.5cm

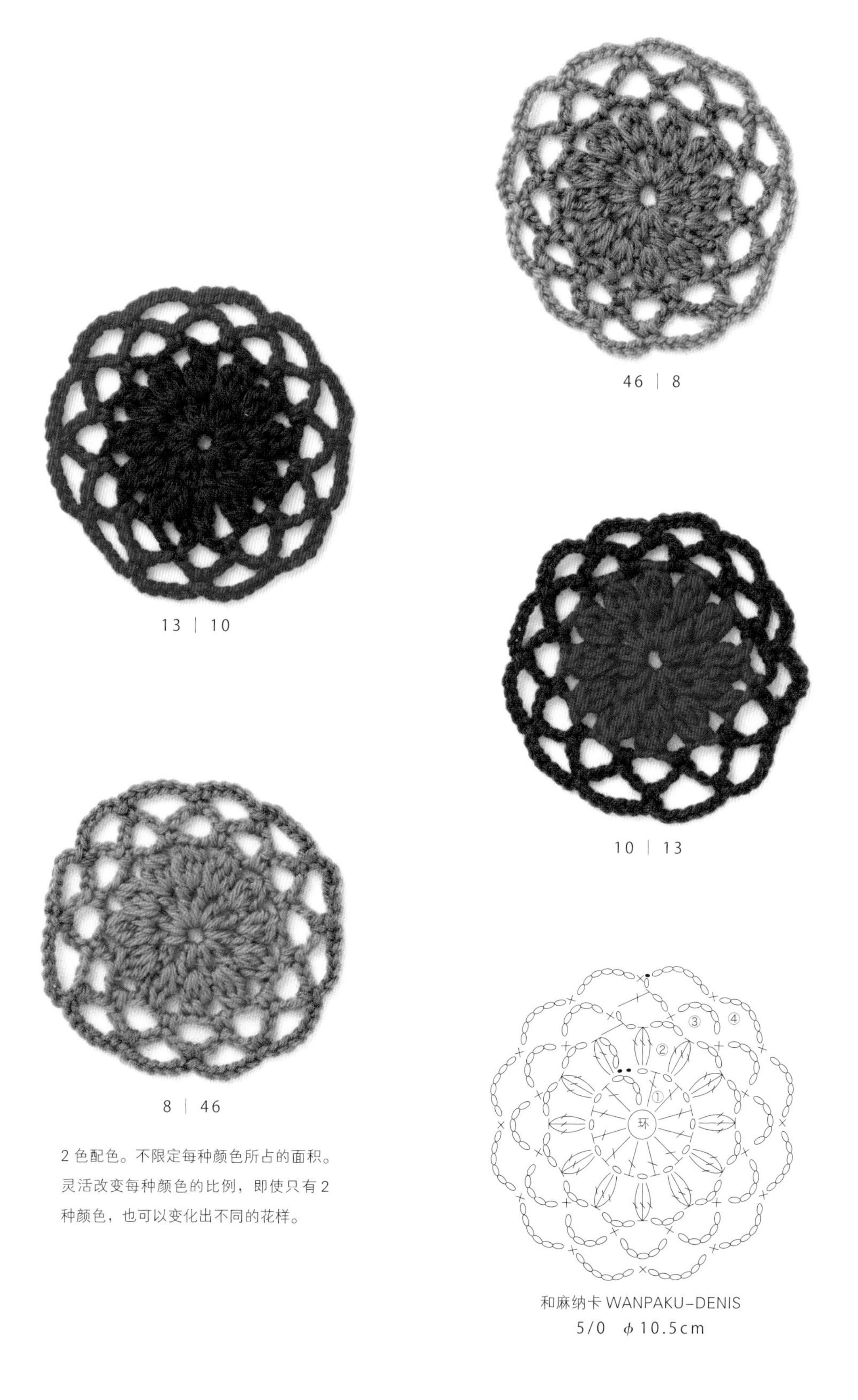

46 | 8

13 | 10

10 | 13

8 | 46

2色配色。不限定每种颜色所占的面积。灵活改变每种颜色的比例，即使只有2种颜色，也可以变化出不同的花样。

和麻纳卡 WANPAKU-DENIS
5/0 φ10.5cm

9 | 41 | 7

6 | 21 | 5

31 | 33 | 12

和麻纳卡 PICCOLO

4/0 ϕ14.5cm

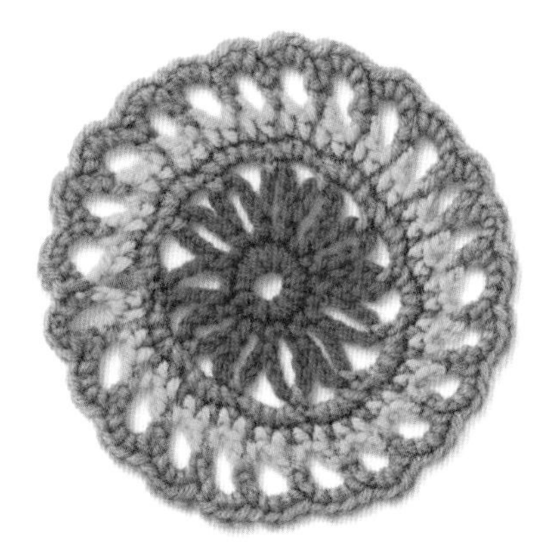

31 | 21 | 9 | 21

17 | 6 | 12 | 6

22 | 33 | 22 | 7

和麻纳卡 PICCOLO

4/0 ϕ11cm

33 | 13 | 33

33 | 30 | 33

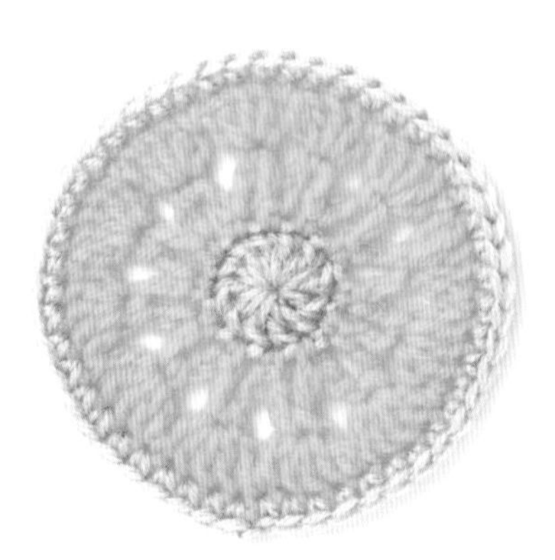

33 | 25 | 33

比较沉稳、低调的色彩，加入黄色等明亮的颜色，会增强视觉效果，使织片整体焕发出时尚的气息。

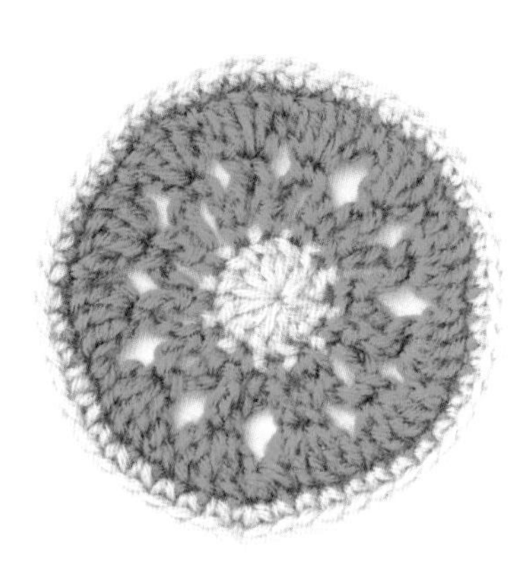

33 | 10 | 33

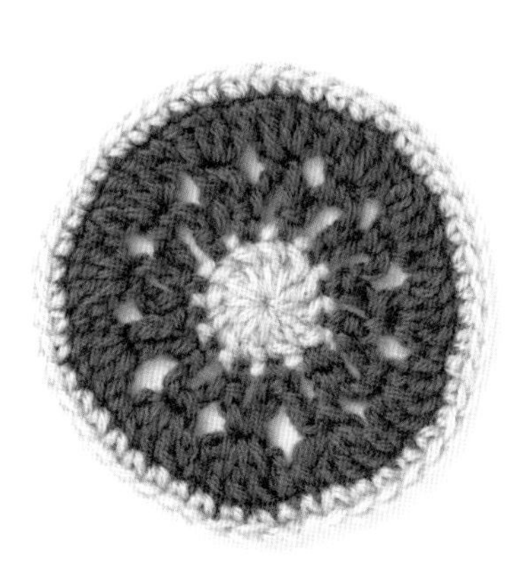

33 | 31 | 33

和麻纳卡 PICCOLO
4/0 φ7cm

7 | 17

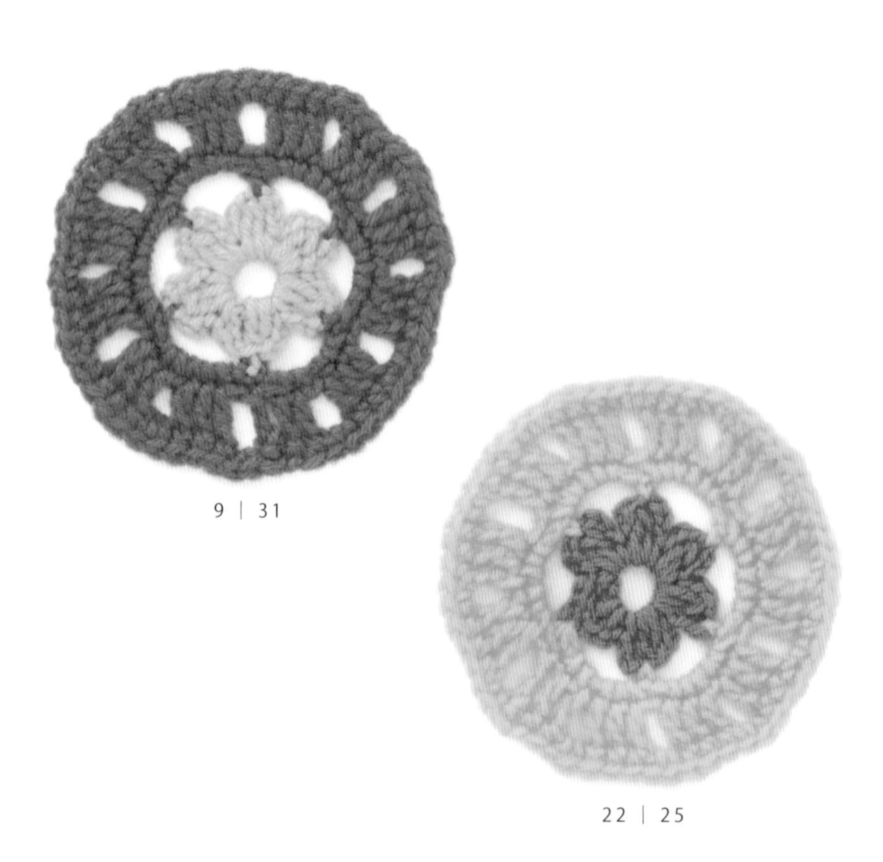

9 | 31

22 | 25

43 | 24

对比色的配色。2种对比鲜明的颜色搭配在一起，产生了恰到好处的映衬效果。连接在一起，会很引人注目。

36 | 6

和麻纳卡 PICCOLO
4/0 ϕ9.5cm

242 | 201

237 | 225

和麻纳卡 EXCEED WOOL FL〈粗〉
4/0 ϕ12.5cm

和麻纳卡 EXCEED WOOL FL〈粗〉
4/0 φ11cm

201 | 220

206 | 239

242 | 216

52 | 28 | 37

4 | 52 | 28

37 | 55 | 4

和麻纳卡 DREANA
6/0 ϕ13.5cm

坐垫和防滑垫会经常受压，所以牢固性很重要。使用缺少弹性的腈纶毛线就可以钩织得很结实。本章节里面的作品并不是将一个个花片连接在一起使用，而是将一个花片的尺寸做大。

⇒制作方法：P180

75 | 46 | 75 | 79

109 | 108 | 109 | 97

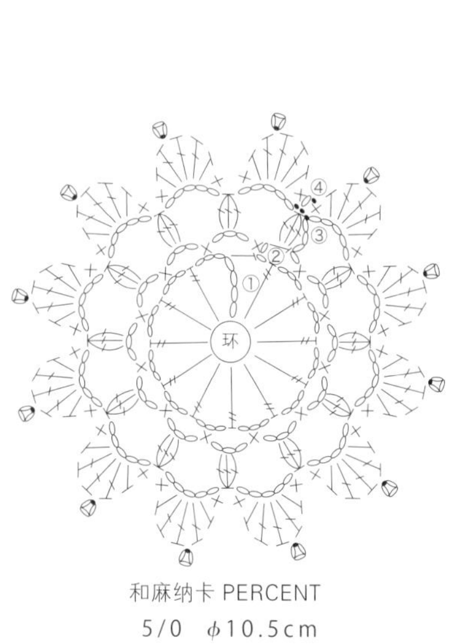

90 | 70 | 90 | 52

和麻纳卡 PERCENT
5/0　ϕ10.5cm

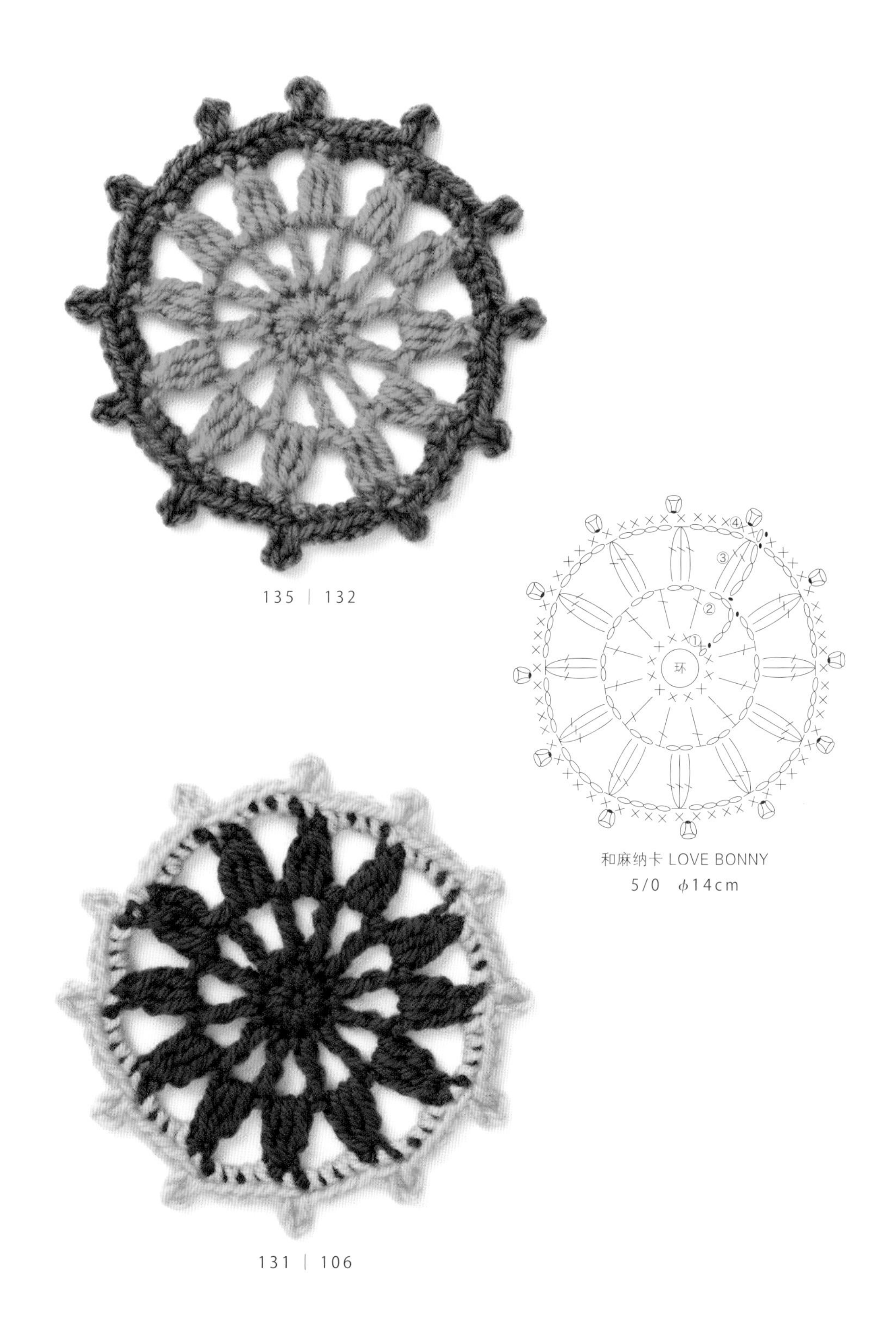

135 | 132

和麻纳卡 LOVE BONNY
5/0 φ14cm

131 | 106

和麻纳卡 MEN’S CLUB MASTER
51 | 54 | 23
10/0 ϕ15cm

和麻纳卡 LOVE BONNY
131 | 122 | 133
5/0 ϕ10cm

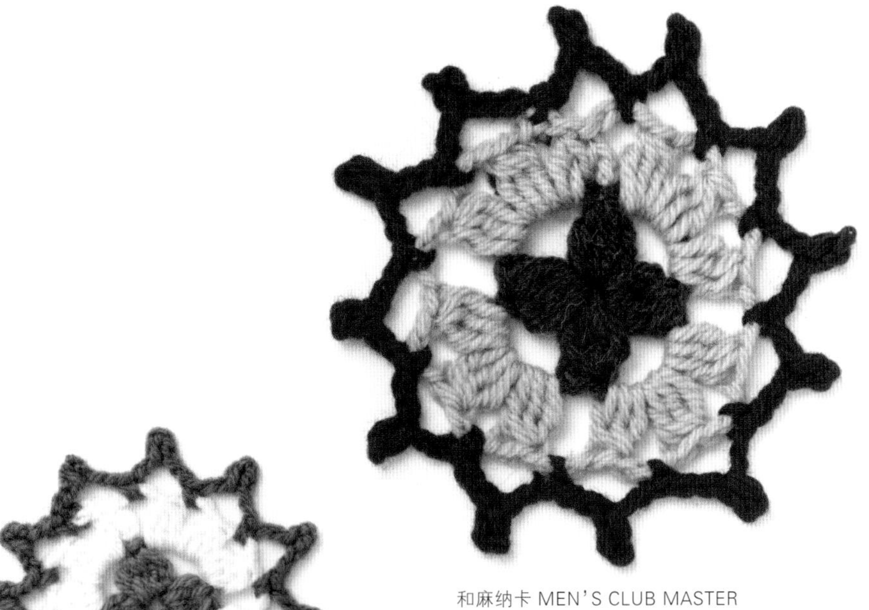

和麻纳卡 MEN’S CLUB MASTER
58 | 18 | 9
10/0 ϕ15cm

和麻纳卡 LOVE BONNY
115 | 101 | 132
5/0 ϕ10cm

和麻纳卡 MEN’S CLUB MASTER
66 | 59 | 63
10/0 ϕ15cm

18 | 42

13 | 55

54 | 63

和麻纳卡 MEN'S CLUB MASTER
10/0 ϕ17cm

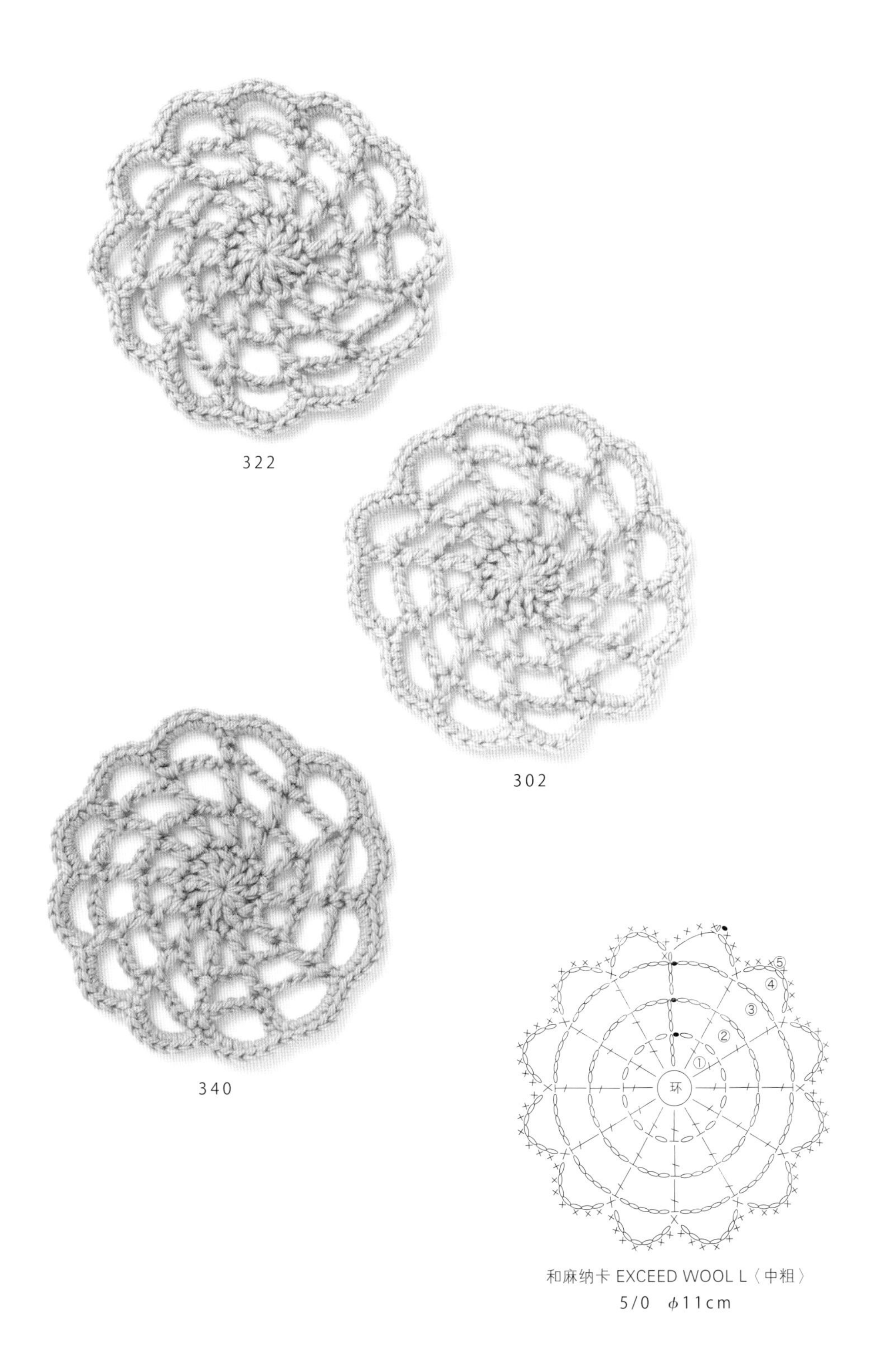

322

302

340

和麻纳卡 EXCEED WOOL L〈中粗〉
5/0 ϕ11cm

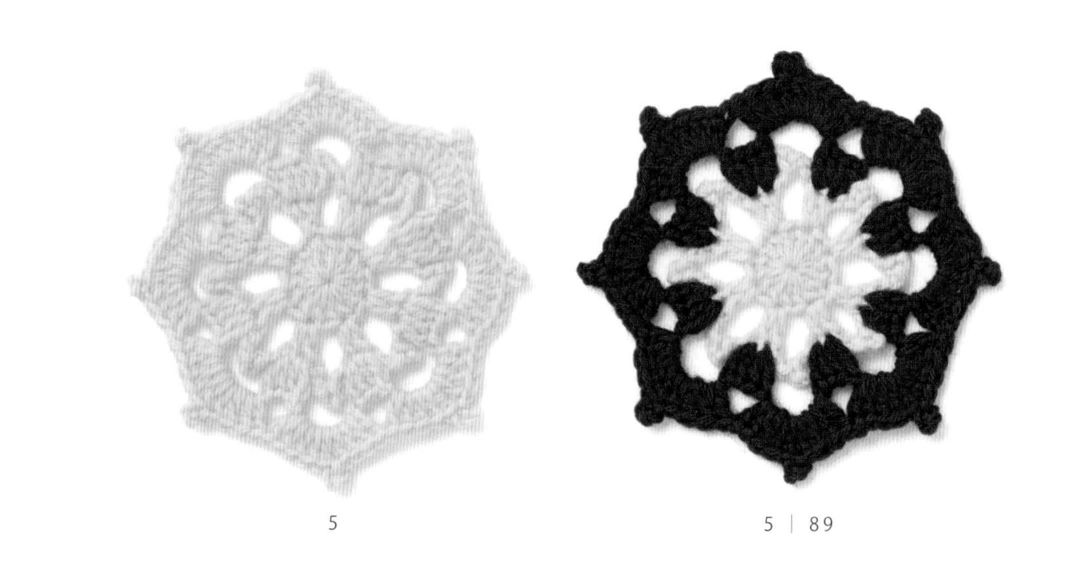

5　　5 | 89

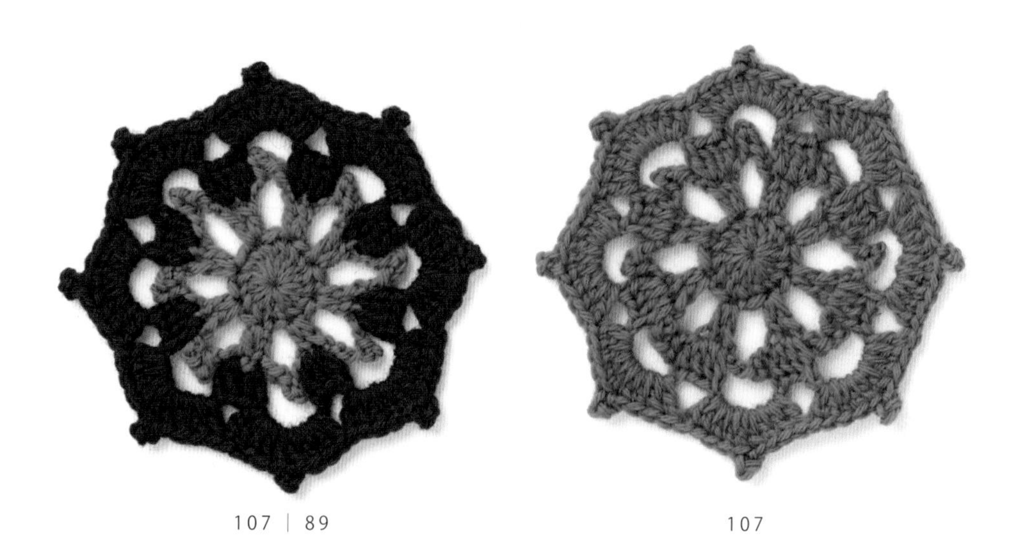

107 | 89　　107

53

53 | 89

如果要增加花片的花样，在色彩搭配上可不局限于单色，不妨尝试单色+暗色这样的配色。深棕色和黑色、灰色、藏蓝色等比较容易和其他颜色进行搭配，可以自由配色。

和麻纳卡 PERCENT
5/0　ϕ11.5cm

和麻纳卡 CANADIAN
1
10/0 φ15cm

和麻纳卡 LOVE BONNY
125
5/0 φ9cm

和麻纳卡 MOHAIR
1
4/0 φ7.5cm

和麻纳卡 YASAI-BATAKE M〈中细〉
5
3/0 ～ 4/0　ϕ7.5cm

用各种各样的颜色将同一种花片钩织成各种各样的尺寸。如果用同色系毛线进行钩织，随意将它们连接在一起也会很好看。

和麻纳卡 ARAN TWEED
6
8/0　ϕ11cm

和麻纳卡 DREANA
37
6/0　ϕ14cm

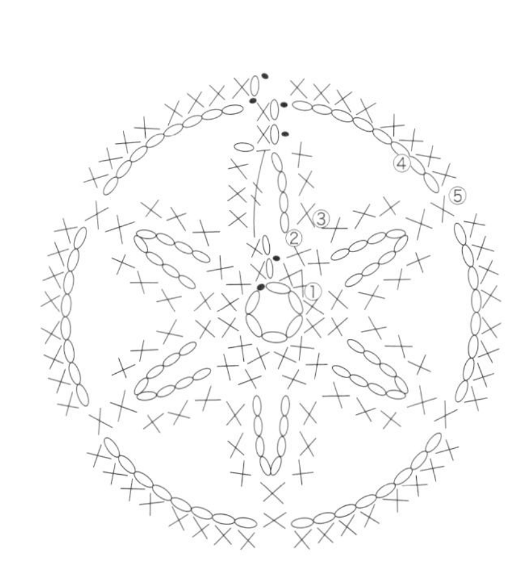

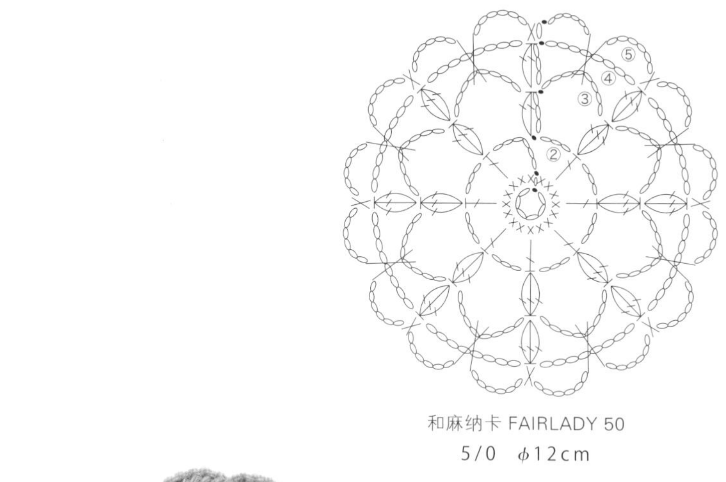

和麻纳卡 FAIRLADY 50

5/0 ϕ12cm

89 | 55 | 82

102 | 95 | 57

101 | 55 | 13

1 | 12 | 1

16 | 12 | 16

5 | 12 | 5

和麻纳卡 POM BEANS
5/0 ϕ6.5cm

111

124

116

和麻纳卡 LOVE BONNY

5/0 ϕ17cm

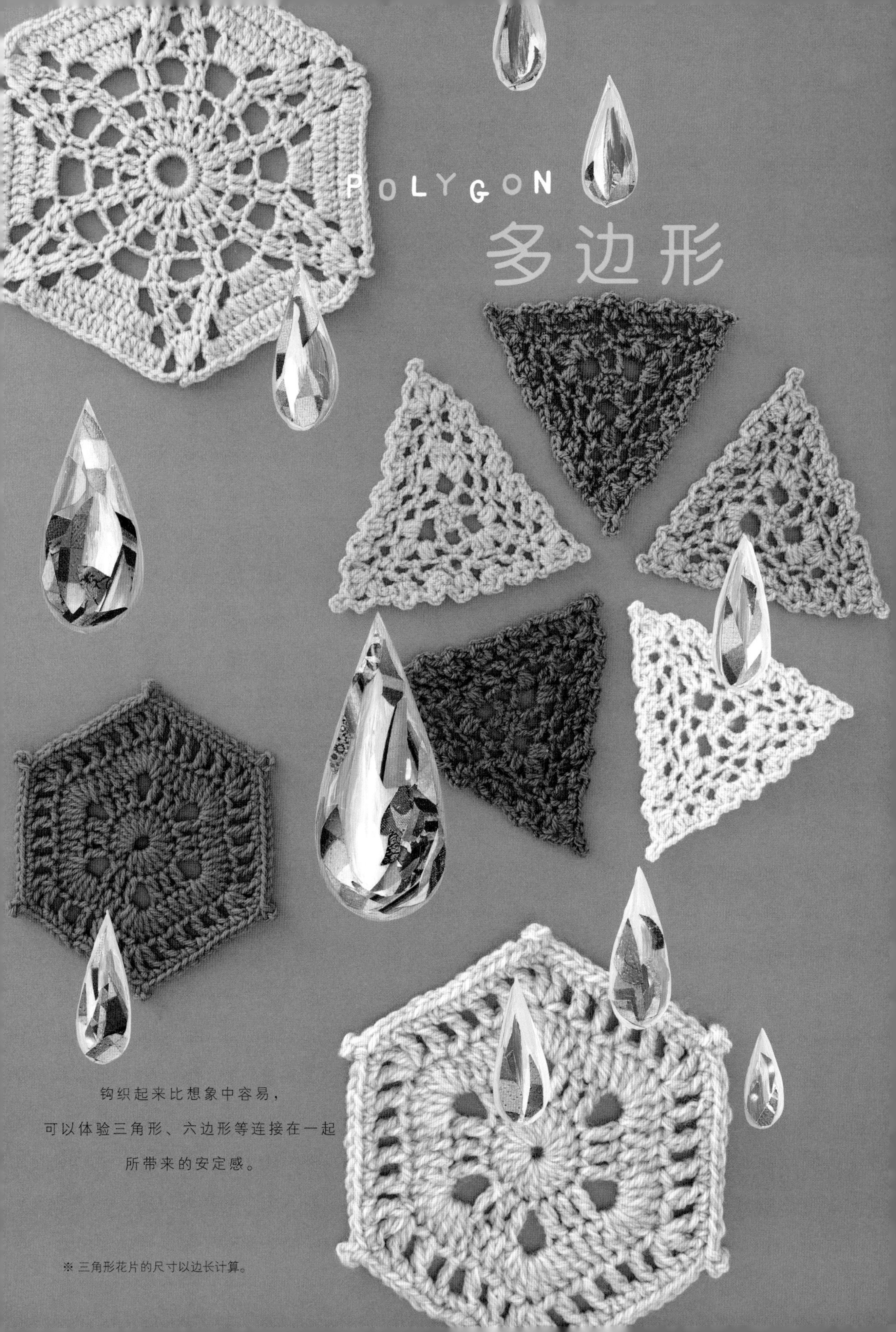

POLYGON 多边形

钩织起来比想象中容易，

可以体验三角形、六边形等连接在一起

所带来的安定感。

※ 三角形花片的尺寸以边长计算。

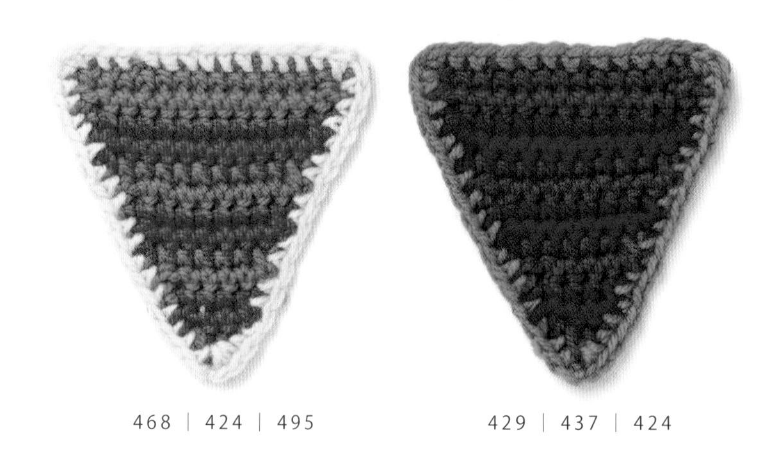

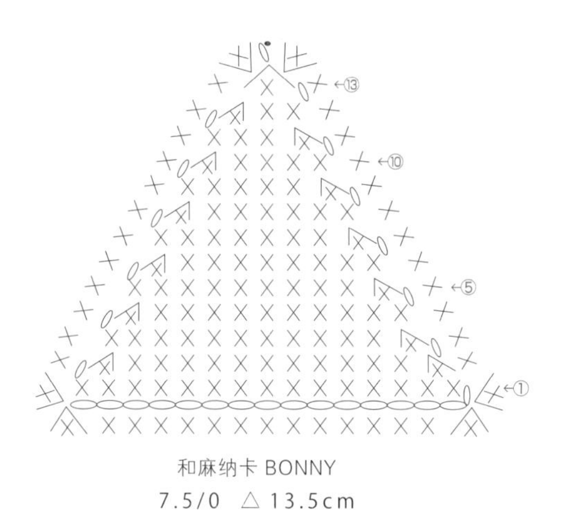

和麻纳卡 BONNY

7.5/0 △13.5cm

NO.5 Garland

花环

室内装饰用品，根据具体场合来制作。如果用来装饰孩子的房间或派对现场，建议使用色彩丰富的腈纶材质毛线。粗细合适，材质坚硬，挂起来也不会变形，这点很重要。

⇒制作方法：P181

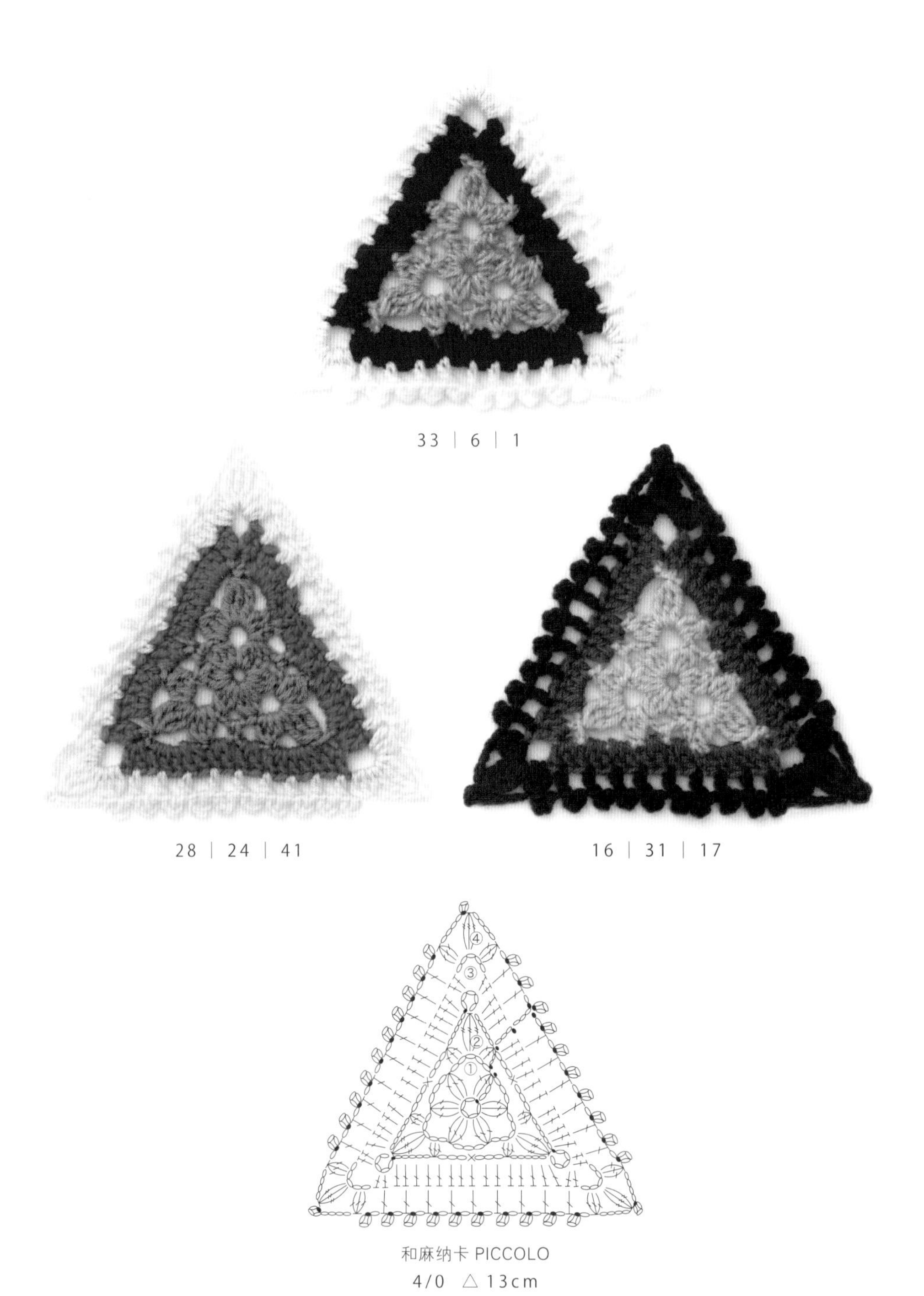
33 | 6 | 1
28 | 24 | 41
16 | 31 | 17
④
③
②
①
和麻纳卡 PICCOLO
4/0 △13cm

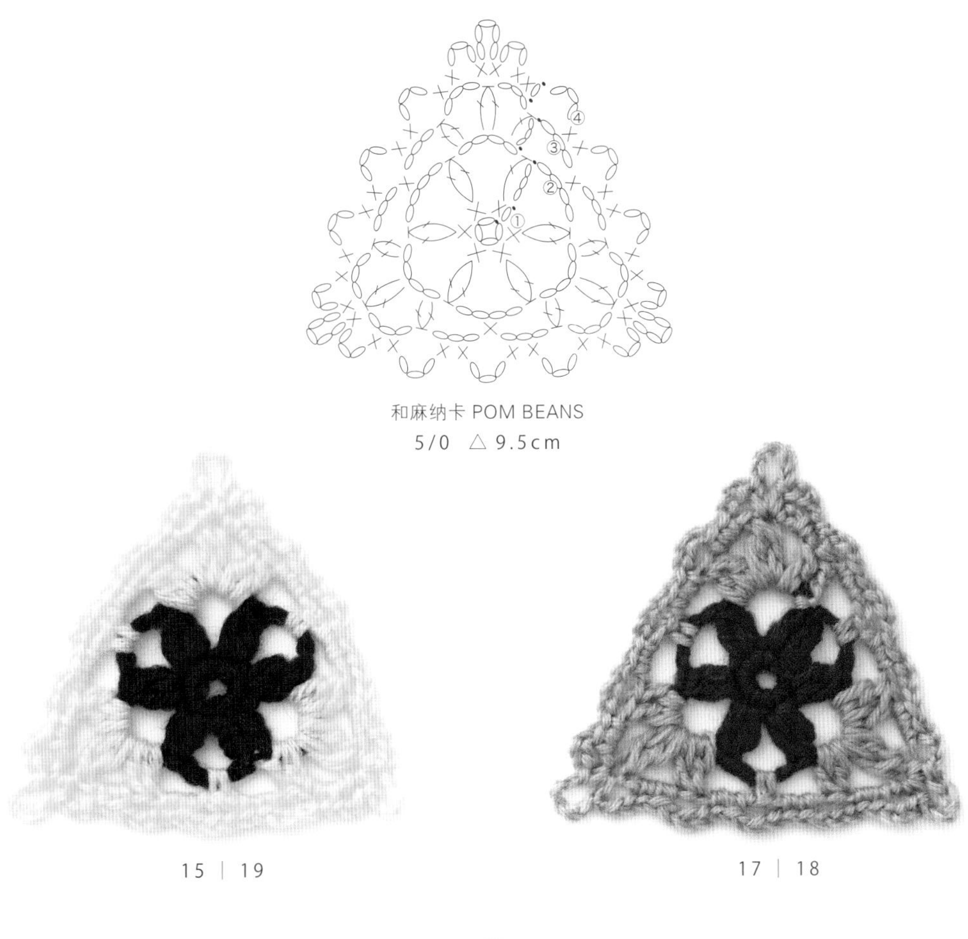

和麻纳卡 POM BEANS
5/0 △9.5cm

15 | 19

17 | 18

16 | 8

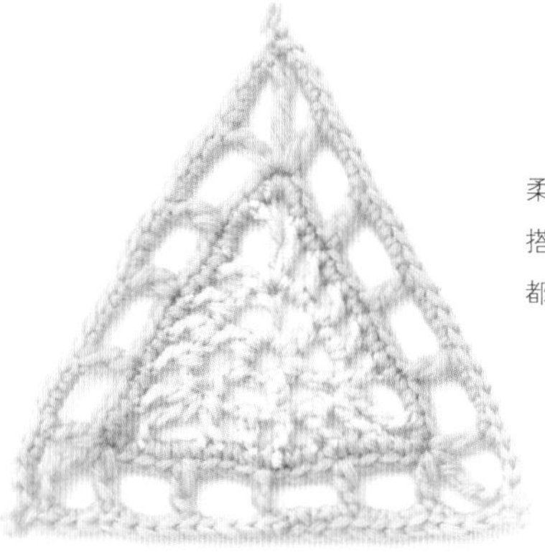

柔和纤细的配色。只要色调是搭配的，无论使用什么颜色，都不会破坏气氛。

47 | 53

31 | 49

4 | 3

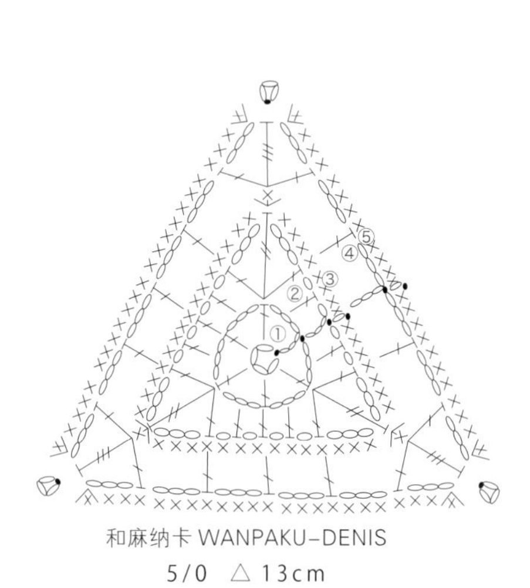

和麻纳卡 WANPAKU-DENIS
5/0 △ 13cm

103 | 102 | 101

131 | 117 | 118

129 | 112 | 133

和麻纳卡 LOVE BONNY
5/0 △ 10.5cm

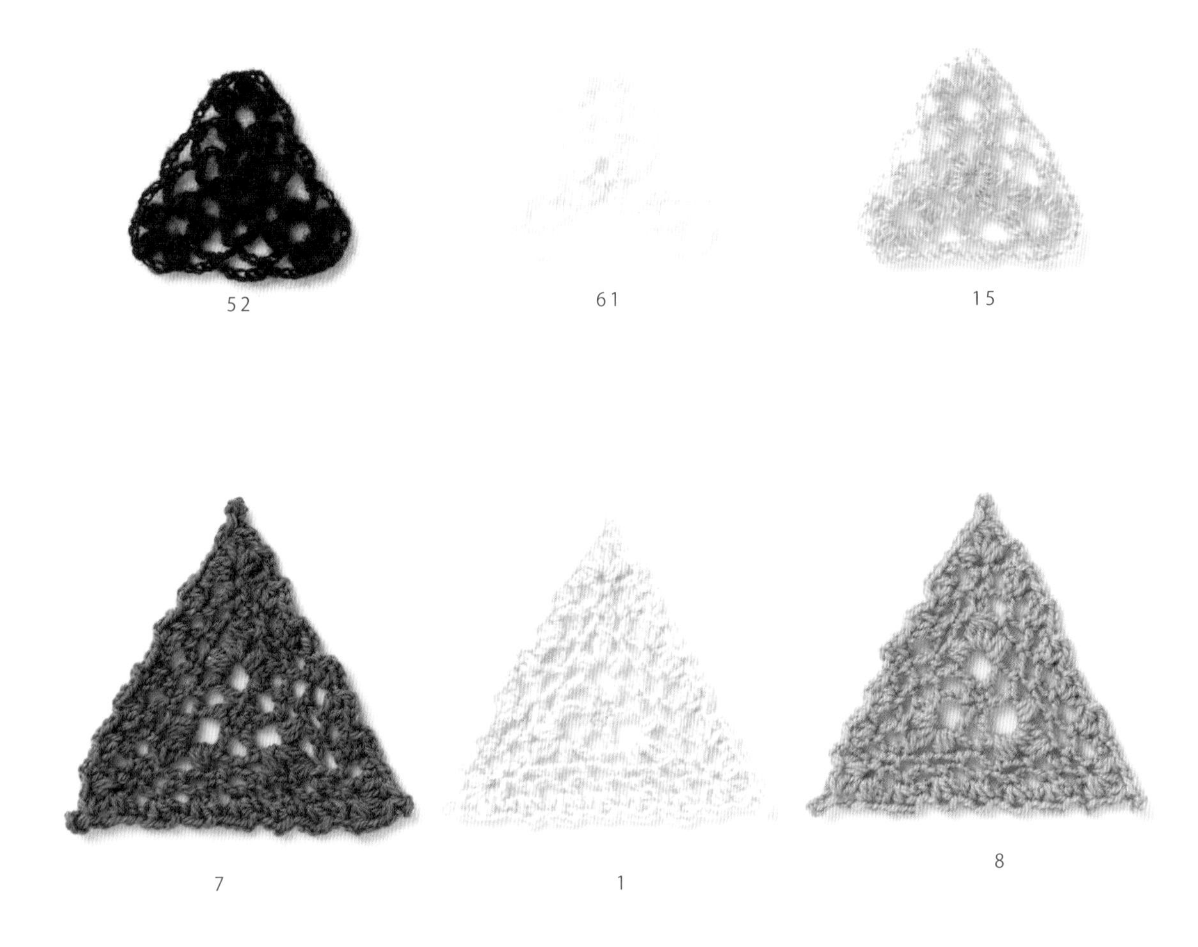

和麻纳卡 MOHAIR

4/0 △8cm

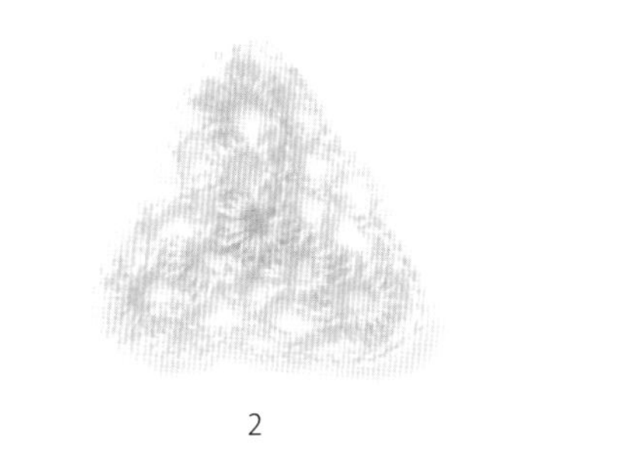

2

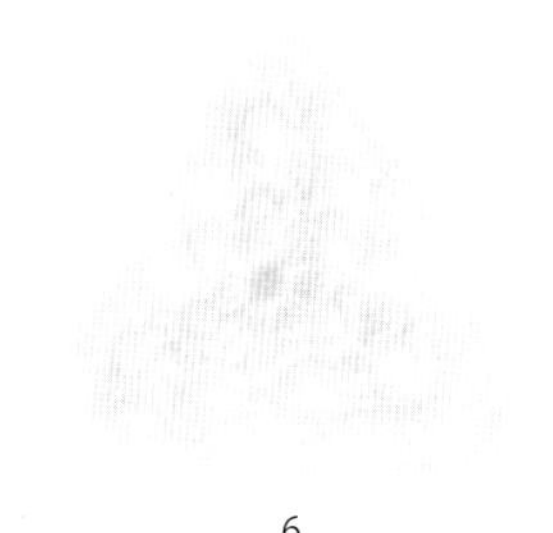

6

4

2

如果不知道选择何种颜色，可以按色彩渐变的规律将花片搭配在一起。如果想要有视觉冲击力的颜色，可以在渐变组合中加入鲜明的颜色。

和麻纳卡 YASAI-BATAKE M〈中细〉
3/0 ～ 4/0　△ 12cm

55 | 27

8 | 27

28 | 27

45 | 27

37 | 27

6 | 27

4 | 27

和麻纳卡 DREANA

6/0 ϕ9cm

NO.6

Clutch bag

手拿包

设计感自不必说，使用起来的体验感也很重要。用毛线钩织包包时，一般都要用到里衬，但使用如和麻纳卡DREANA这样既结实又柔韧的毛线，不加里衬也不容易变形，长时间使用也不会有任何问题。

⇒制作方法：P182

7 | 19 | 11

改变 3 种颜色的搭配方法。因为 3 片花片使用的毛线颜色相同，所以连接在一起会有整体感。

19 | 11 | 7

11 | 7 | 19

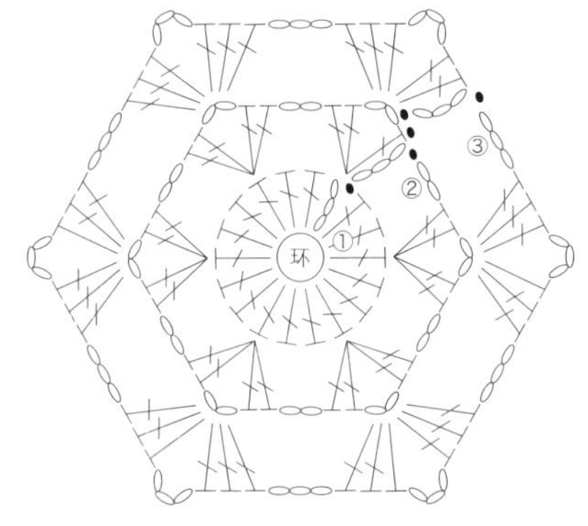

和麻纳卡 POM BEANS
5/0 ϕ9cm

53 | 10 | 20

1 | 4 | 20

15 | 43 | 20

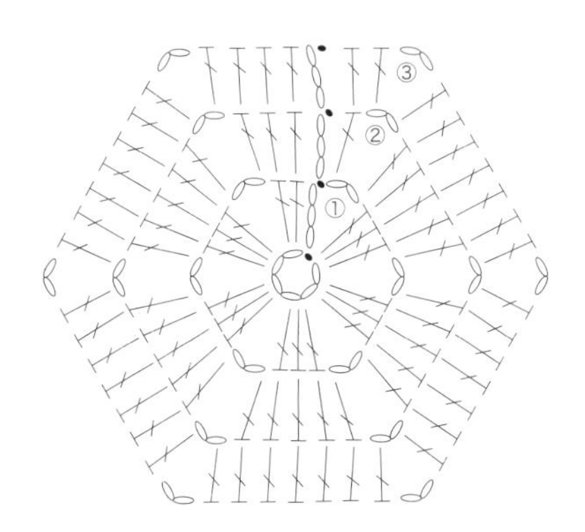

和麻纳卡 WANPAKU-DENIS
5/0 ϕ9.5cm

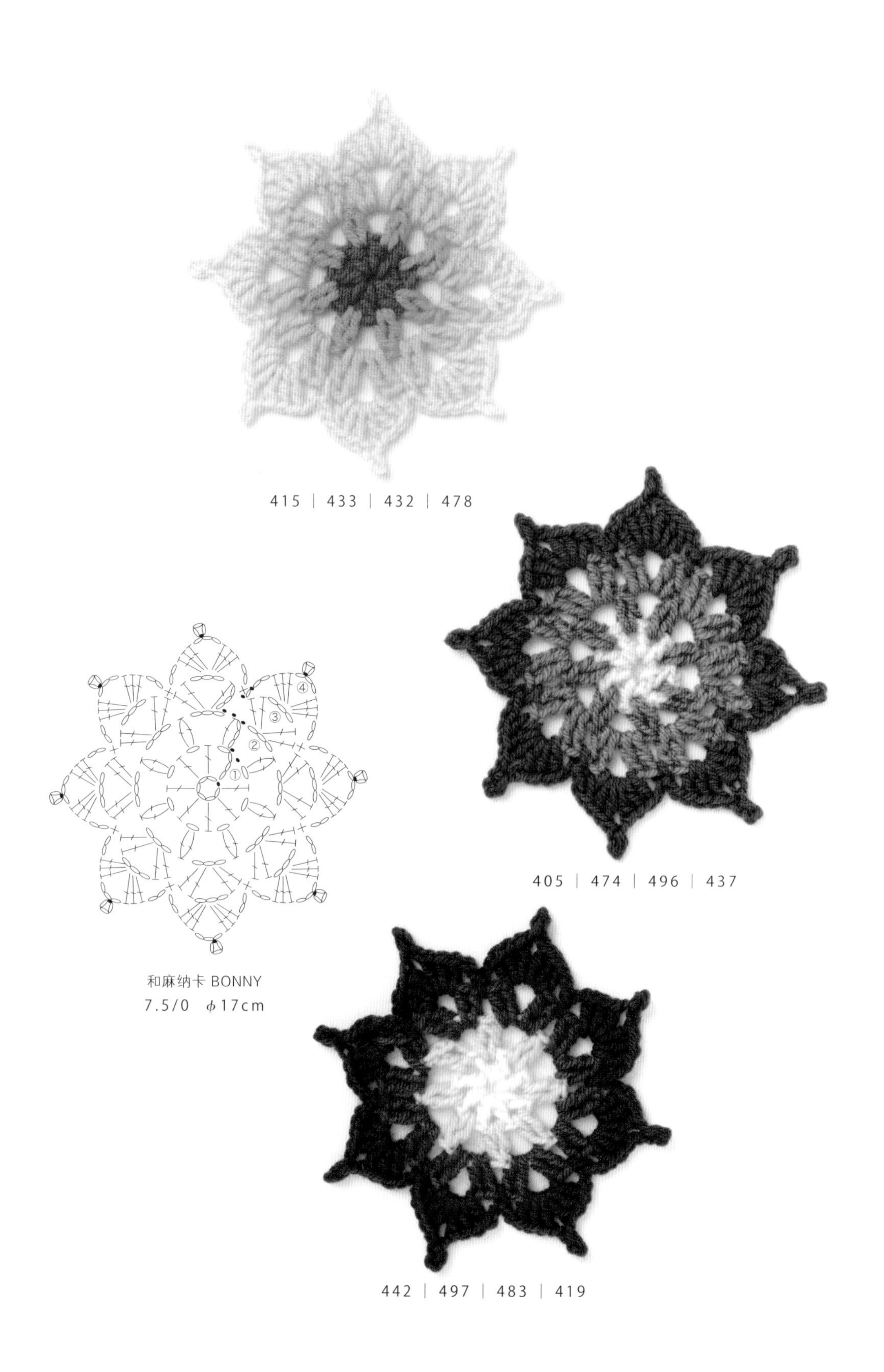

和麻纳卡 BONNY
7.5/0 ϕ17cm

43

9

4

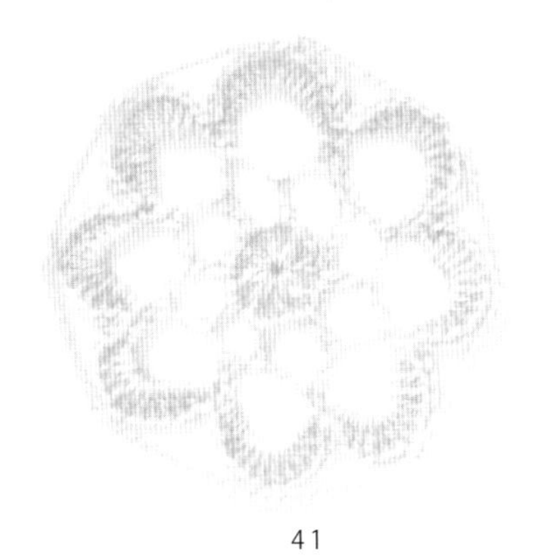

41

和麻纳卡 PICCOLO
4/0　ϕ11cm

1 | 6

使用红、白、绿3种颜色，进行圣诞风格的配色。钩织大大小小的花片，用来装饰圣诞树也很不错!

6 | 24

24 | 6

和麻纳卡 PICCOLO
4/0 ϕ12cm

和麻纳卡 PICCOLO
46 | 33 | 79
5/0 ϕ8cm

和麻纳卡 PICCOLO
46 | 39 | 75
5/0 ϕ8cm

和麻纳卡 PICCOLO
46 | 72 | 90
5/0 ϕ8cm

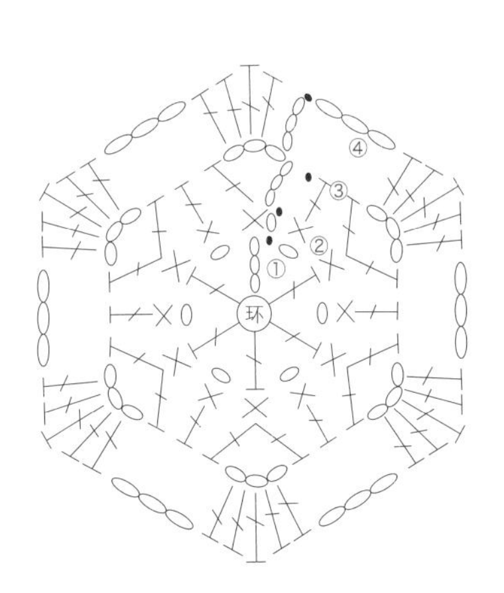

和麻纳卡 EXCEED WOOL L〈中粗〉
314 | 343 | 330
5/0 ϕ8cm

和麻纳卡 EXCEED WOOLL〈中粗〉
314 | 345 | 308
5/0 ϕ8cm

和麻纳卡 EXCEED WOOLL〈中粗〉
314 | 346 | 315
5/0 ϕ8cm

343 | 322

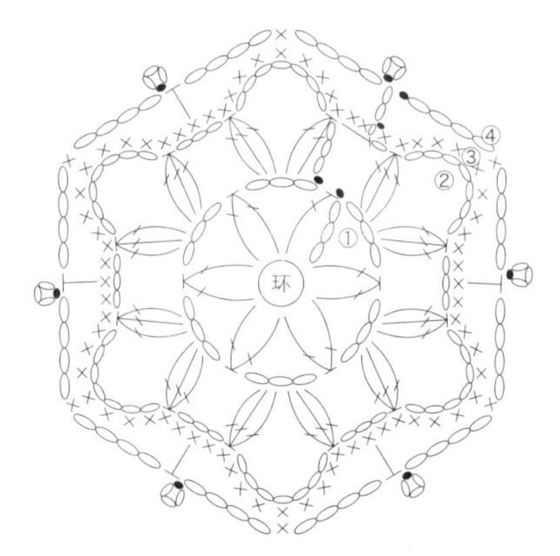

和麻纳卡 EXCEED WOOLL〈中粗〉
5/0　ϕ11cm

342 | 324

308 | 346

232 | 210 | 226

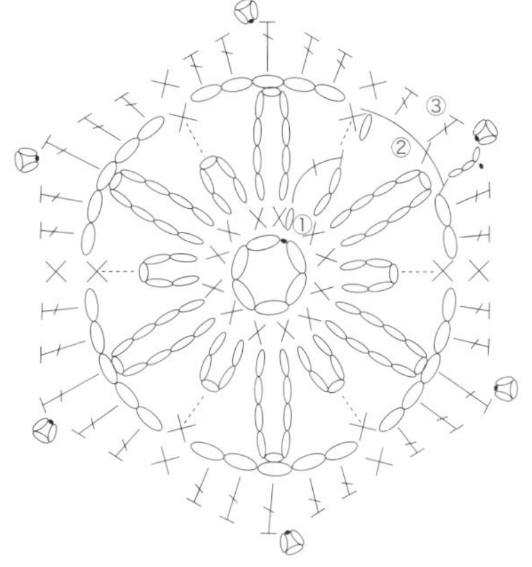

和麻纳卡 EXCEED WOOL FL〈粗〉
4/0 ϕ7cm

211 | 242 | 218

225 | 216 | 239

使用 2 种颜色时，只需调换 2 种颜色的位置，就可带来截然不同的效果。只要色调搭配，把 6 片花片连在一起也会让人觉得赏心悦目。

60 | 43

102 | 103

79 | 109

43 | 60

103 | 102

109 | 79

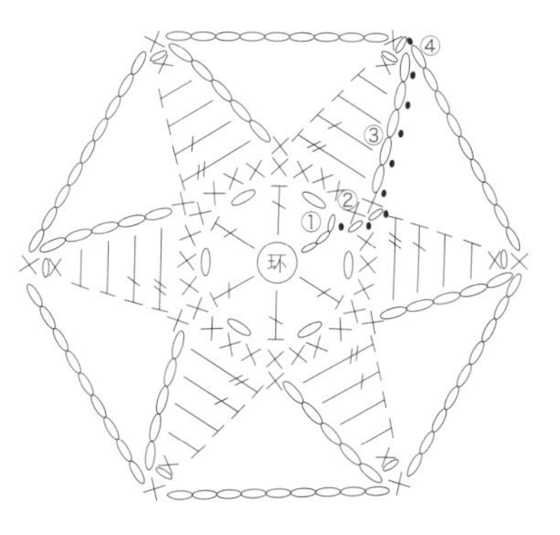

和麻纳卡 PICCOLO
5/0 ϕ8cm

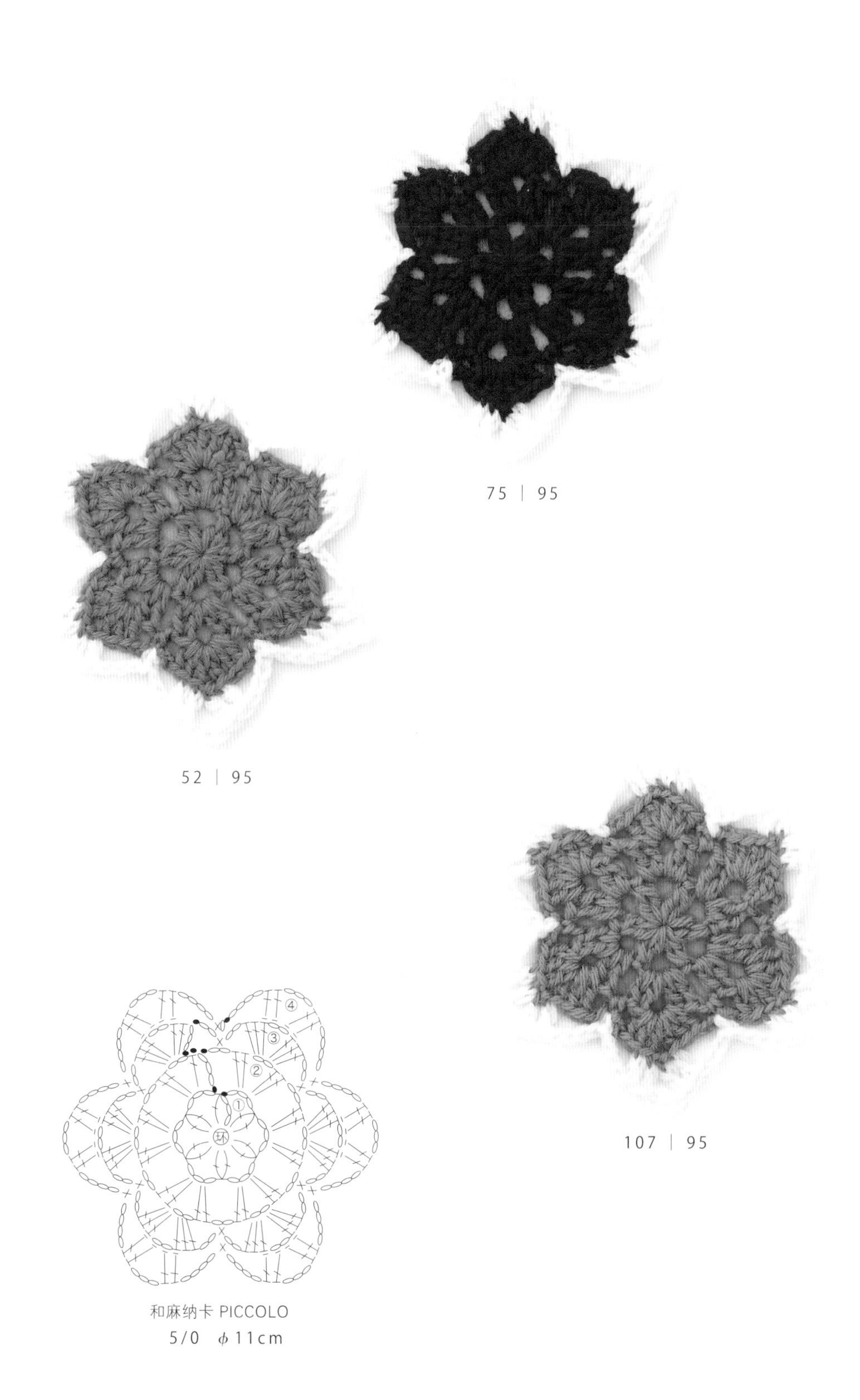

75 | 95

52 | 95

107 | 95

和麻纳卡 PICCOLO

5/0 ϕ11cm

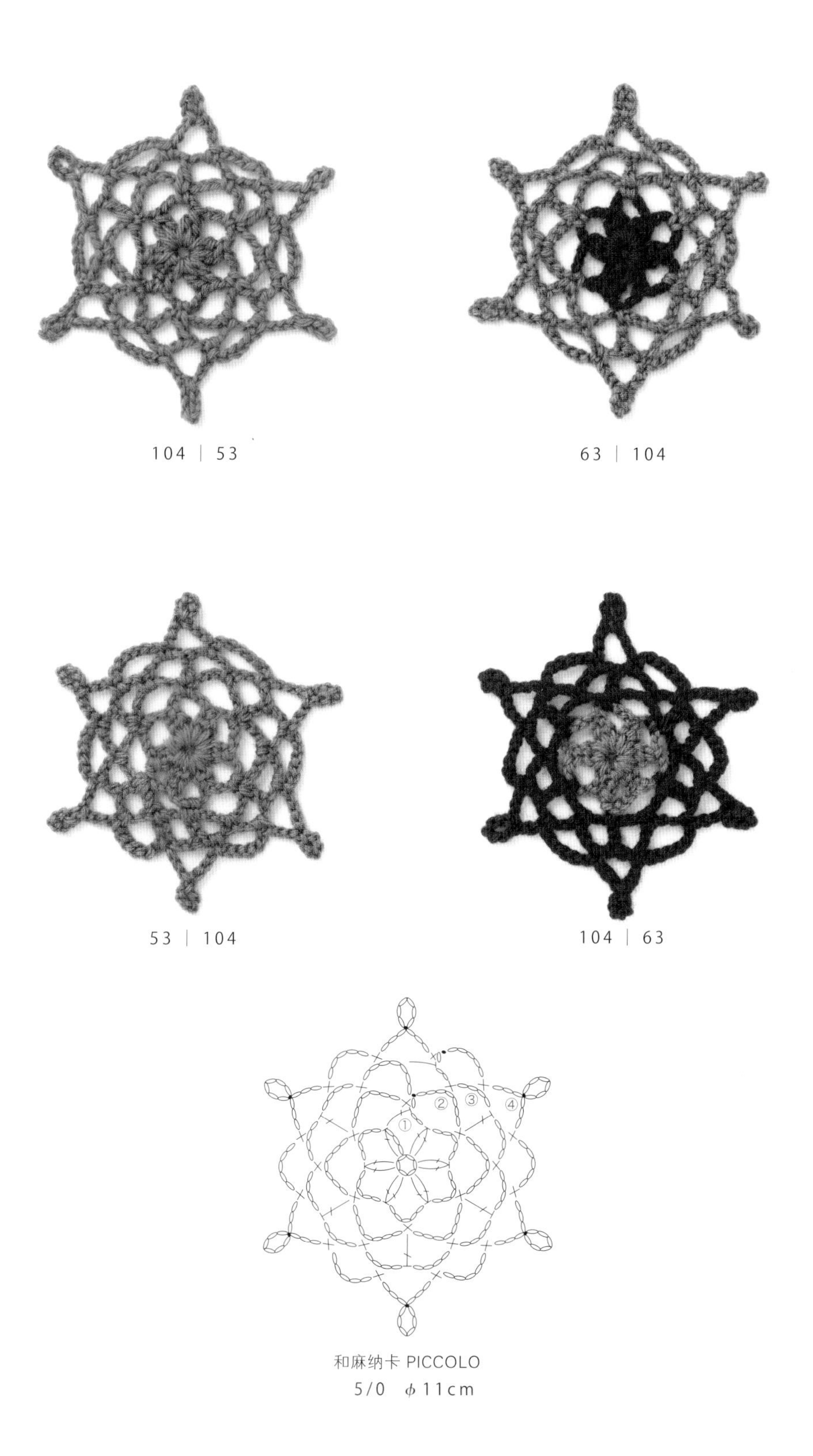

104 | 53

63 | 104

53 | 104

104 | 63

和麻纳卡 PICCOLO
5/0 ϕ11cm

2 | 57 | 80

2 | 56 | 82

2 | 51 | 89

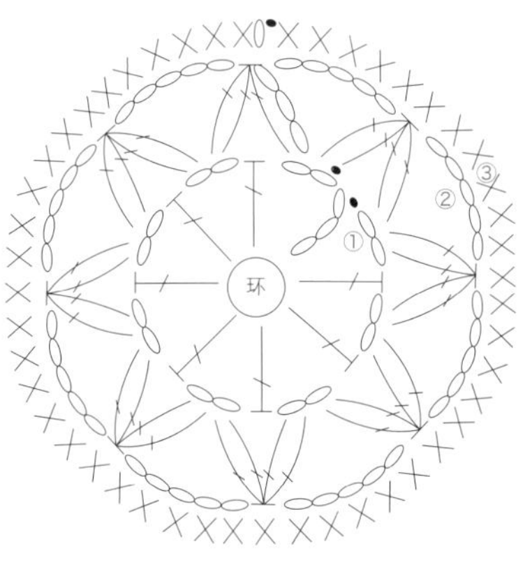

和麻纳卡 FAIRLADY 50
5/0 ϕ 8cm

如果您感觉自己不擅长五彩缤纷的配色，但也想做出丰富的色彩变化。这时，只要决定一种共同使用的颜色，其他随意用浅色调毛线进行搭配，就很容易完成富有品位的配色。

3 | 10

3 | 7

3 | 6

和麻纳卡 YASAI-BATAKE M〈中细〉
3/0 ～ 4/0　ϕ 11cm

7 | 15

14 | 17

3 | 2

5 | 11

19 | 8

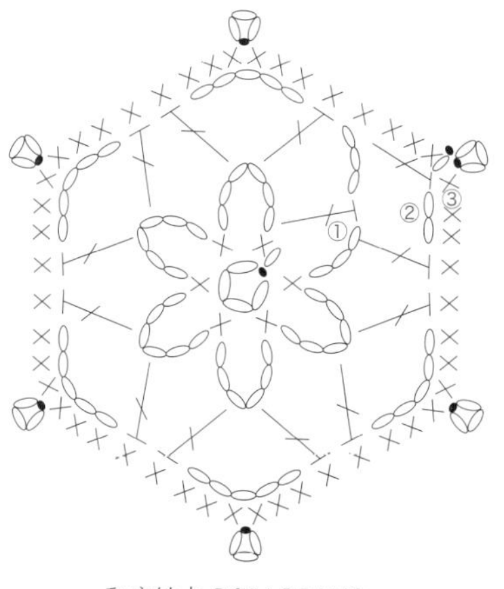

和麻纳卡 POM BEANS
5/0 φ8cm

和麻纳卡 MEN'S CLUB MASTER
27
10/0 φ20cm

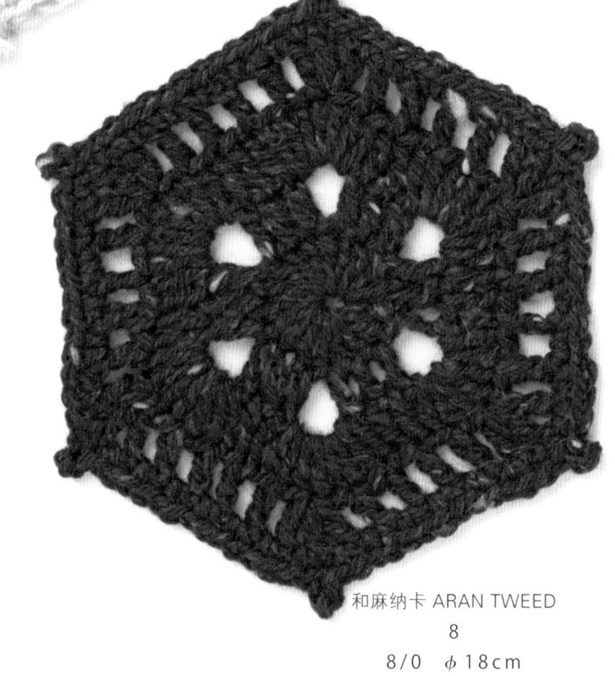

和麻纳卡 ARAN TWEED
8
8/0 φ18cm

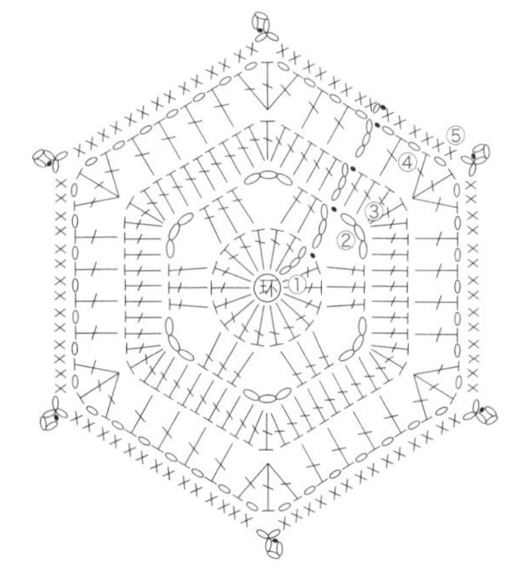

用不同种类、不同粗细的毛线
钩织的一片片花片。

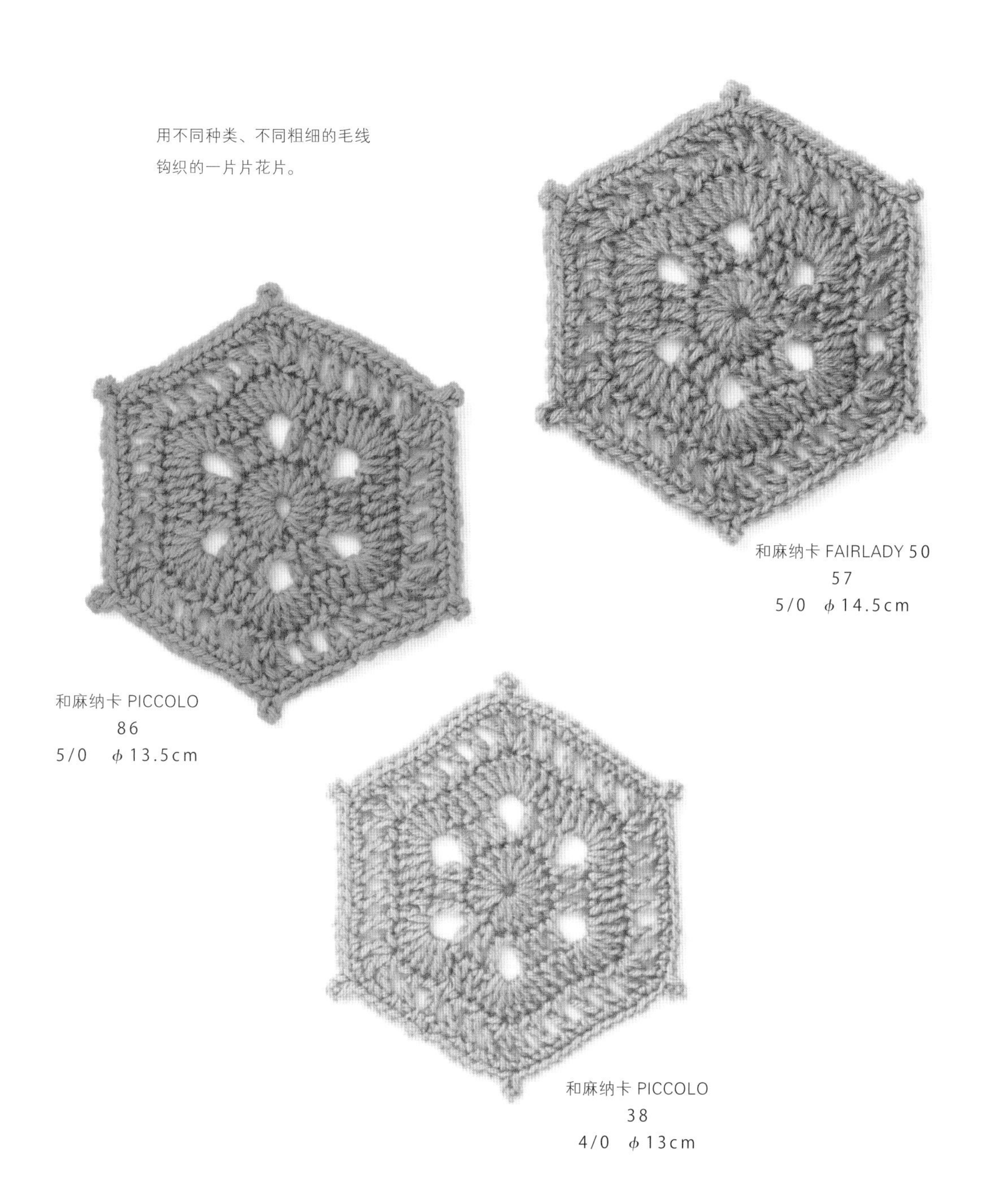

和麻纳卡 FAIRLADY 50
57
5/0 ϕ14.5cm

和麻纳卡 PICCOLO
86
5/0 ϕ13.5cm

和麻纳卡 PICCOLO
38
4/0 ϕ13cm

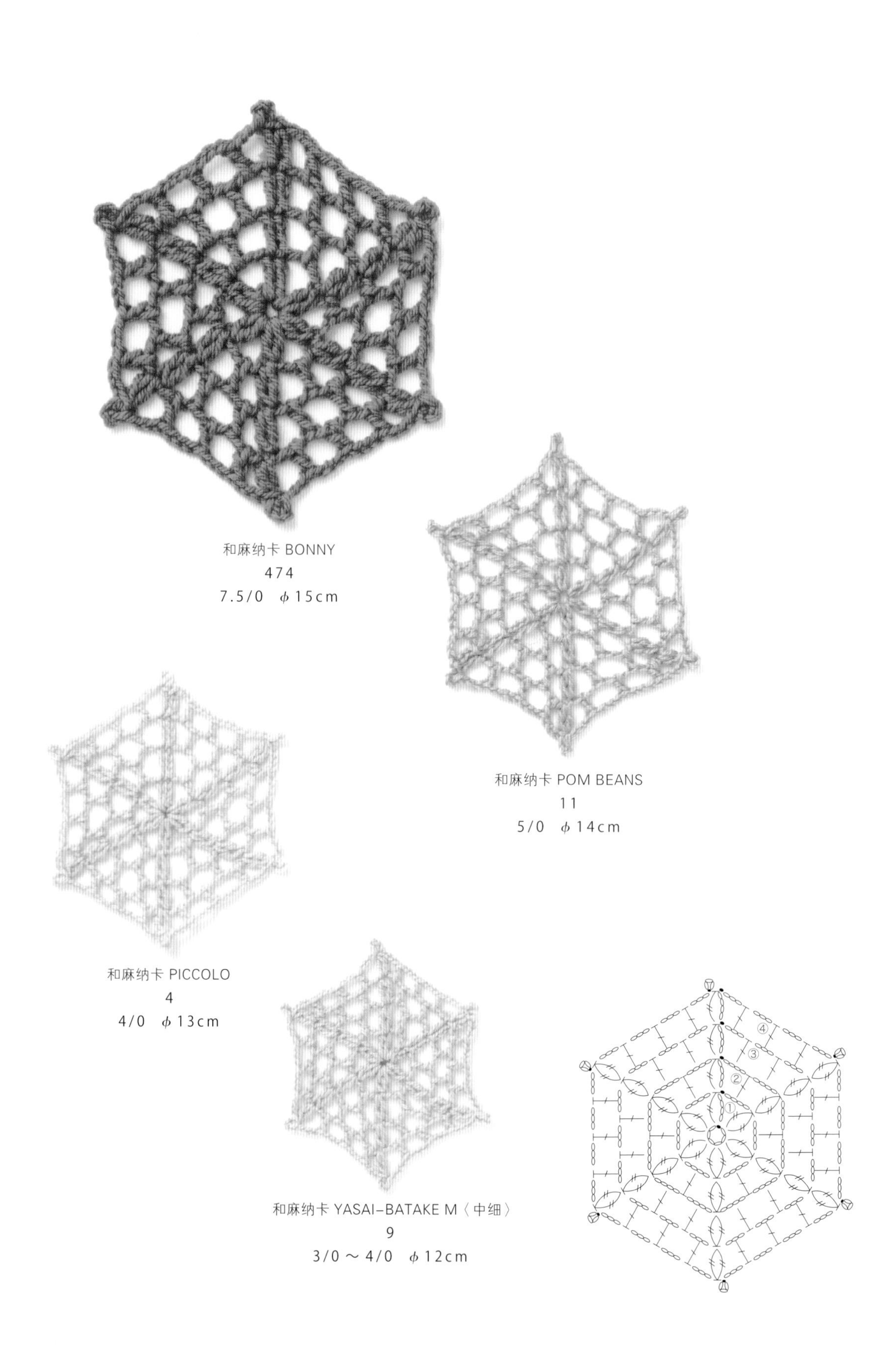

和麻纳卡 BONNY
474
7.5/0 φ15cm

和麻纳卡 POM BEANS
11
5/0 φ14cm

和麻纳卡 PICCOLO
4
4/0 φ13cm

和麻纳卡 YASAI-BATAKE M〈中细〉
9
3/0～4/0 φ12cm

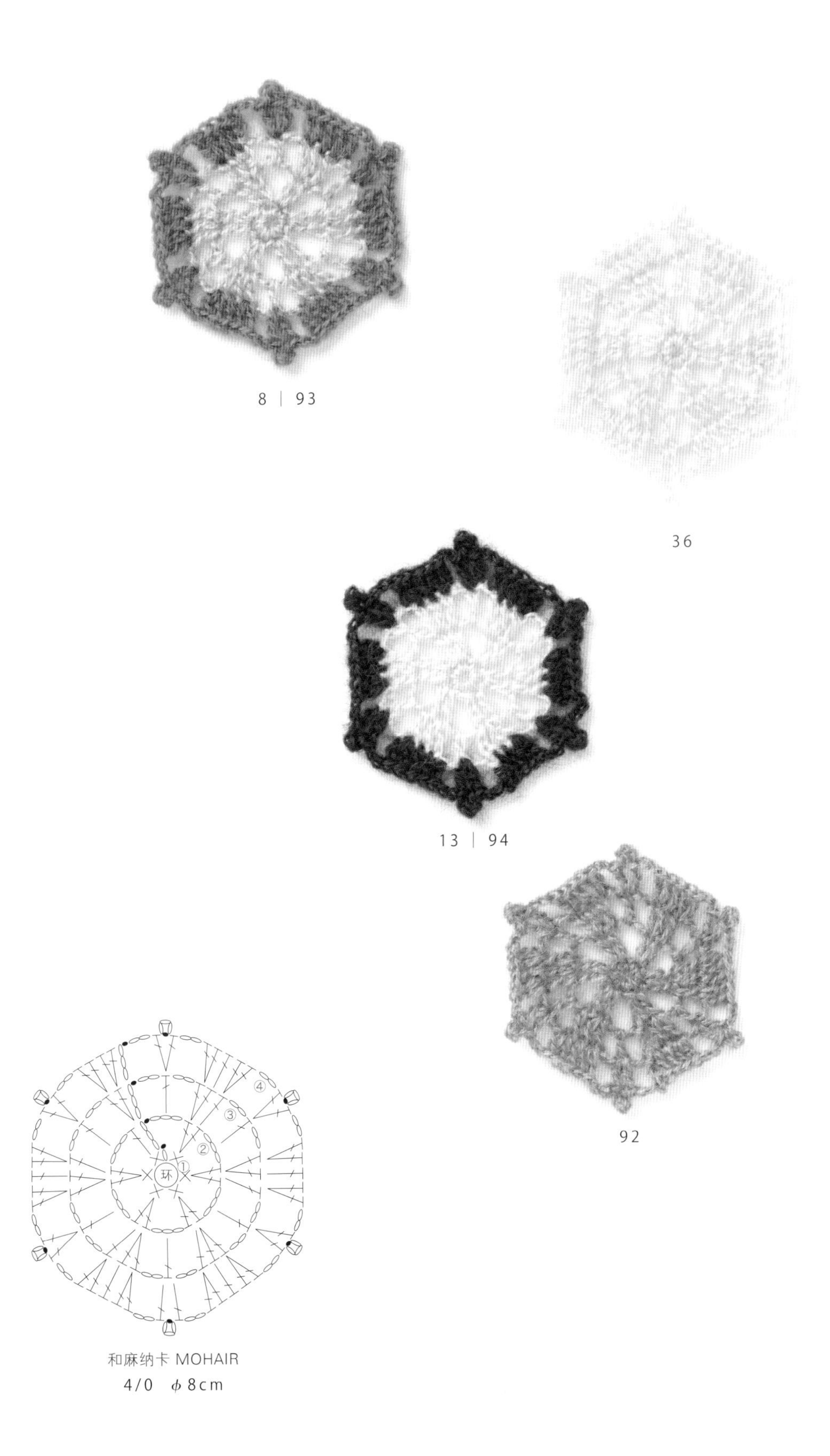

8 | 93

36

13 | 94

92

和麻纳卡 MOHAIR

4/0　ϕ 8cm

和麻纳卡 ARAN TWEED
6 | 4
8/0 ϕ15.5cm

和麻纳卡 ARAN TWEED
11 | 5
8/0 ϕ15.5cm

用粗细不同的2种毛线钩织一片花片。如果使用混有其他颜色的毛线，钩织出来的花片会独具风情。

和麻纳卡 FAIRLADY 50
101 | 13 | 101
5/0 ϕ 13cm

和麻纳卡 FAIRLADY 50
102 | 43 | 102
5/0 ϕ 13cm

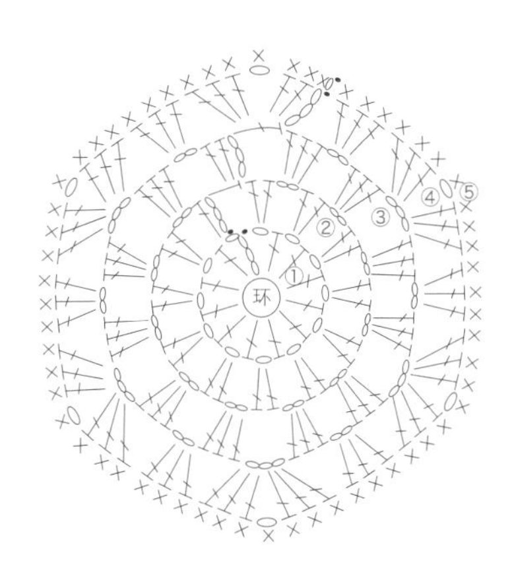

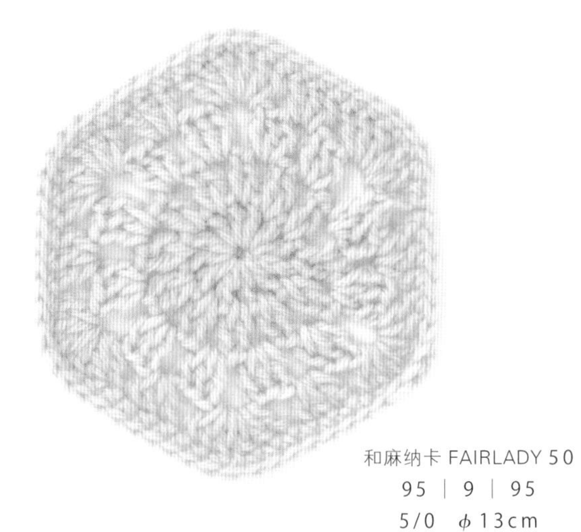

和麻纳卡 FAIRLADY 50
95 | 9 | 95
5/0 ϕ 13cm

74

纤细的马海毛很适合钩织纤细的花片。欲享受马海毛的轻柔之感，可以钩织大幅花片用来装饰匾额。

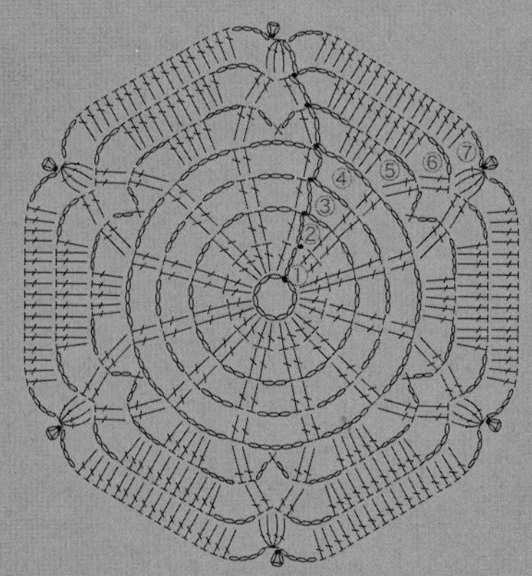

和麻纳卡 MOHAIR
4/0 ϕ19cm

2 | 52

8 | 13

9 | 74

和麻纳卡 FAIRLADY 50
5/0 ϕ10.5cm

6 | 2

5 | 3

7 | 9

和麻纳卡 YASAI-BATAKE M〈中细〉
3/0 ～ 4/0　φ9cm

52 | 107 | 52

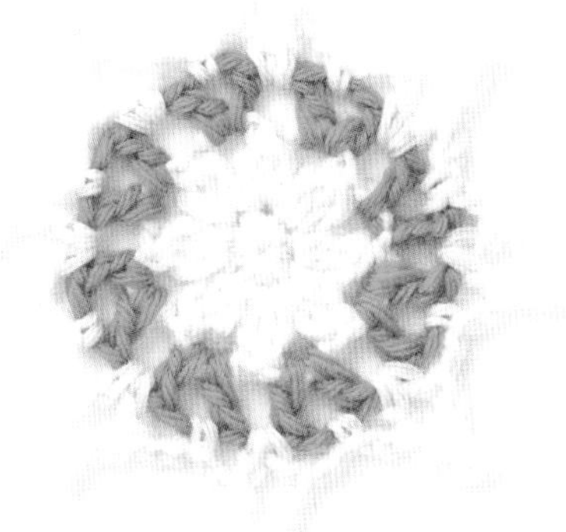

95 | 108 | 95

36 | 67 | 36

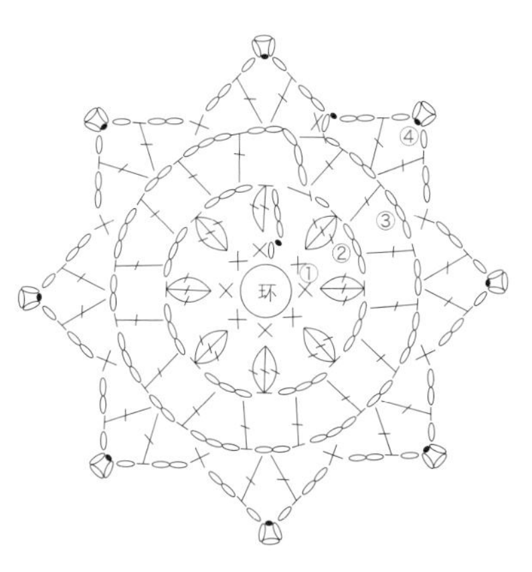

和麻纳卡 PICCOLO
5/0　φ9.5cm

8 | 5

10 | 4

6 | 11

和麻纳卡 ARAN TWEED
8/0　φ9cm

NO.7 Muffler 围巾

围巾或披肩等时尚配饰通常会接触到皮肤，所以使用的毛线材质很重要。使用像和麻纳卡ARAN TWEED那样稀疏、松软的毛线钩织大片花片并将它们连接在一起，用来搭配衣服会很有视觉效果。

⇒制作方法：P183

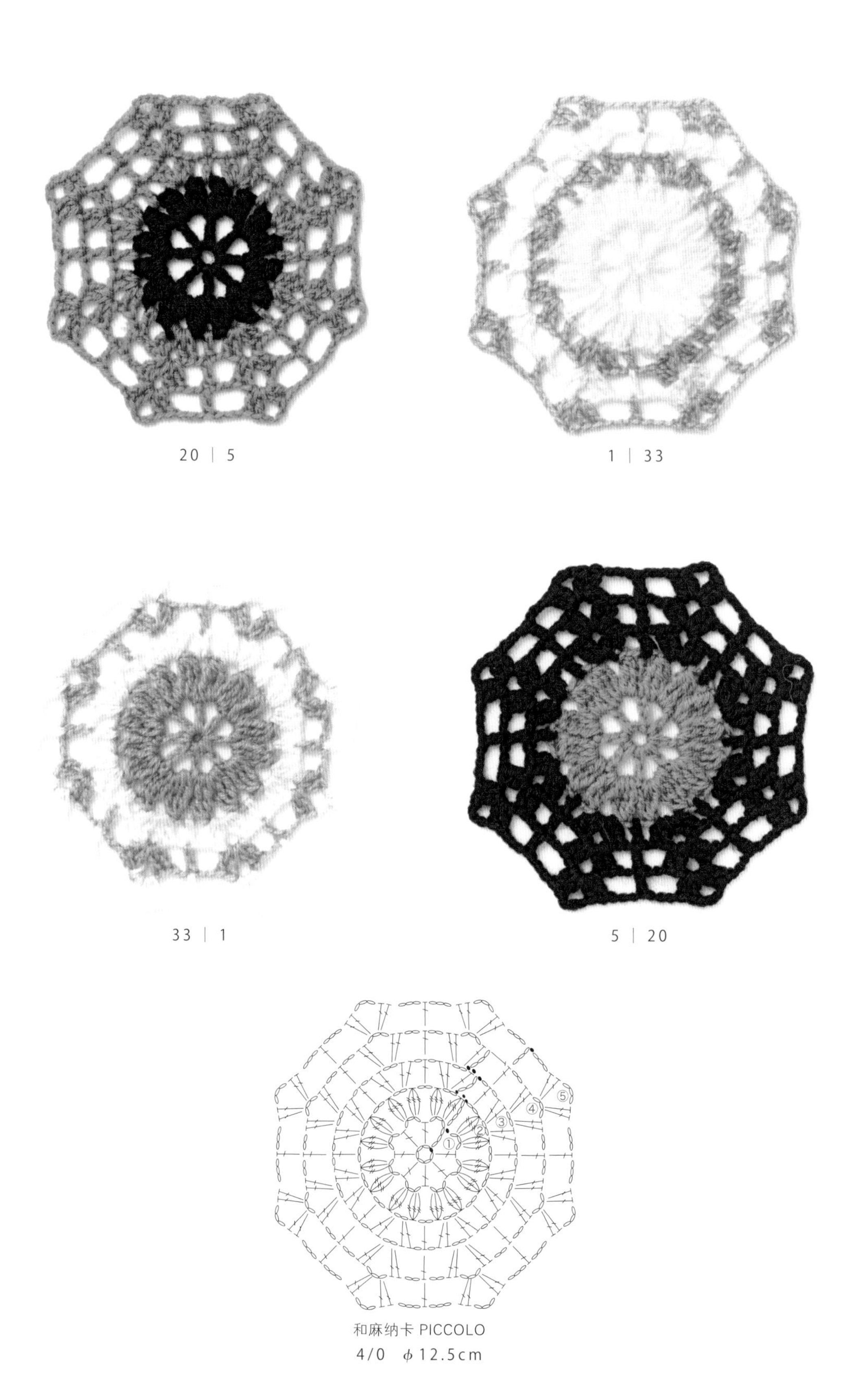

20 | 5

1 | 33

33 | 1

5 | 20

和麻纳卡 PICCOLO

4/0 φ12.5cm

FLOWER

花朵形

花朵形状的花片，

像花朵一样焕发着迷人的魅力。

即使只有一片，用作徽章或贴花，

也很有存在感！

和麻纳卡 ARAN TWEED
13 | 6
8/0 ϕ7.5cm

和麻纳卡 SONOMONO ALPACA LILY
113 | 111
8/0 ϕ6.5cm

和麻纳卡 SONOMONO ALPACA LILY
111 | 114
8/0 ϕ6.5cm

和麻纳卡 ARAN TWEED
5 | 11
8/0 ϕ7.5cm

和麻纳卡 ARAN TWEED
4 | 10
8/0 ϕ7.5cm

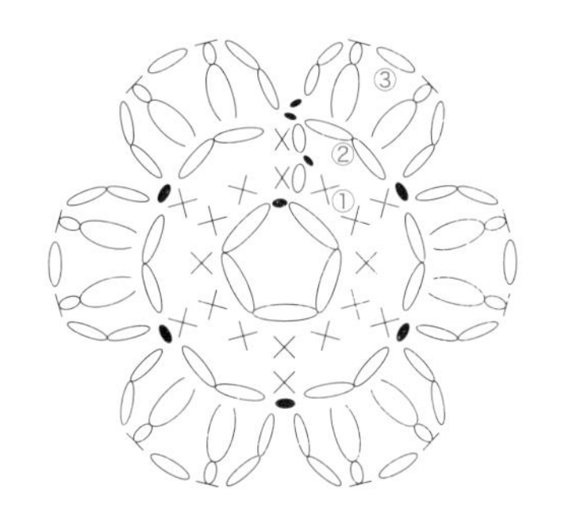

2 | 5

6 | 3

和麻纳卡 YASAI-BATAKE M〈中细〉
3/0～4/0　φ6.5cm

4 | 10

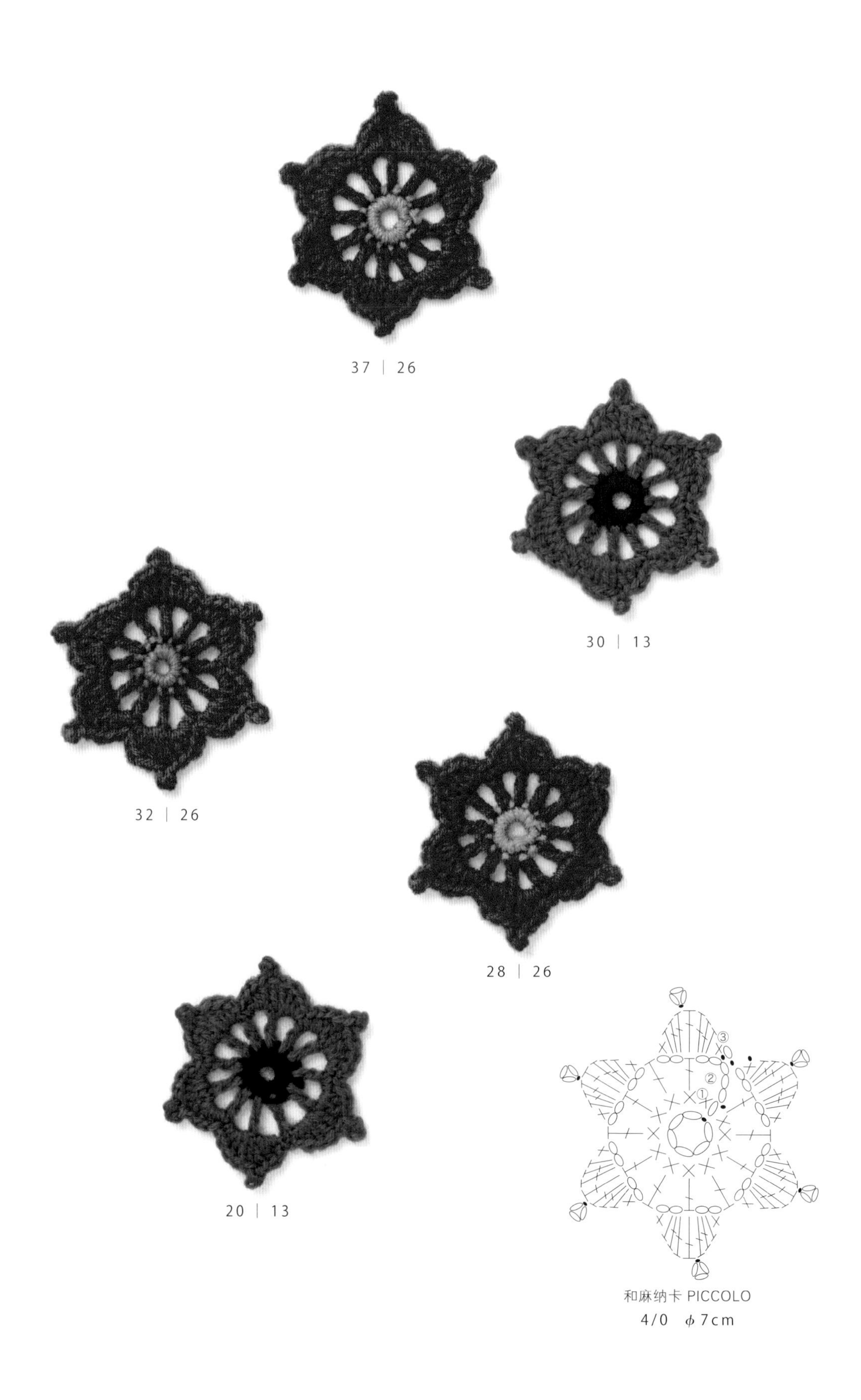
37 | 26
30 | 13
32 | 26
28 | 26
20 | 13
③
②
①
和麻纳卡 PICCOLO
4/0 φ7cm

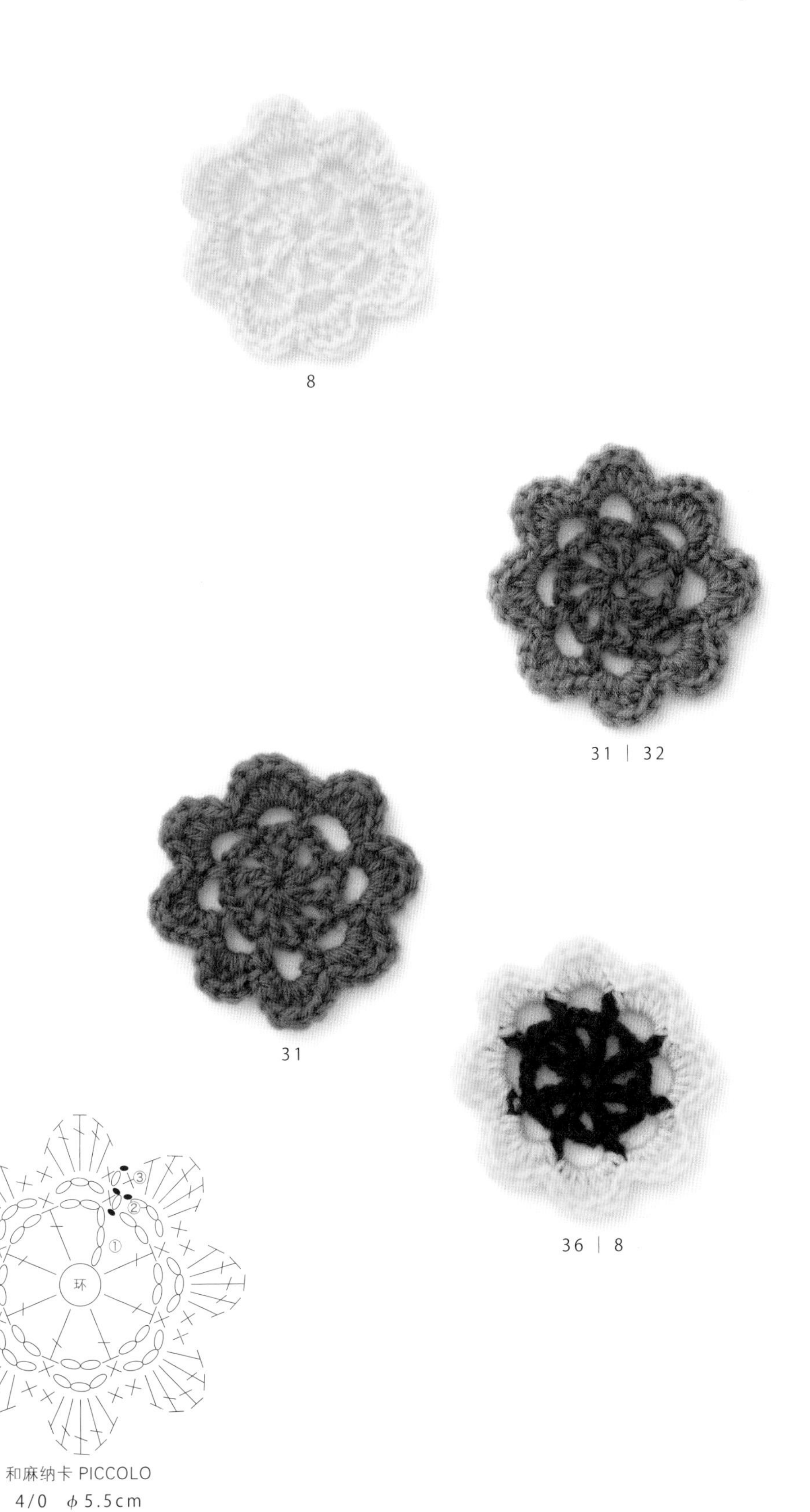

和麻纳卡 PICCOLO
4/0 ϕ5.5cm

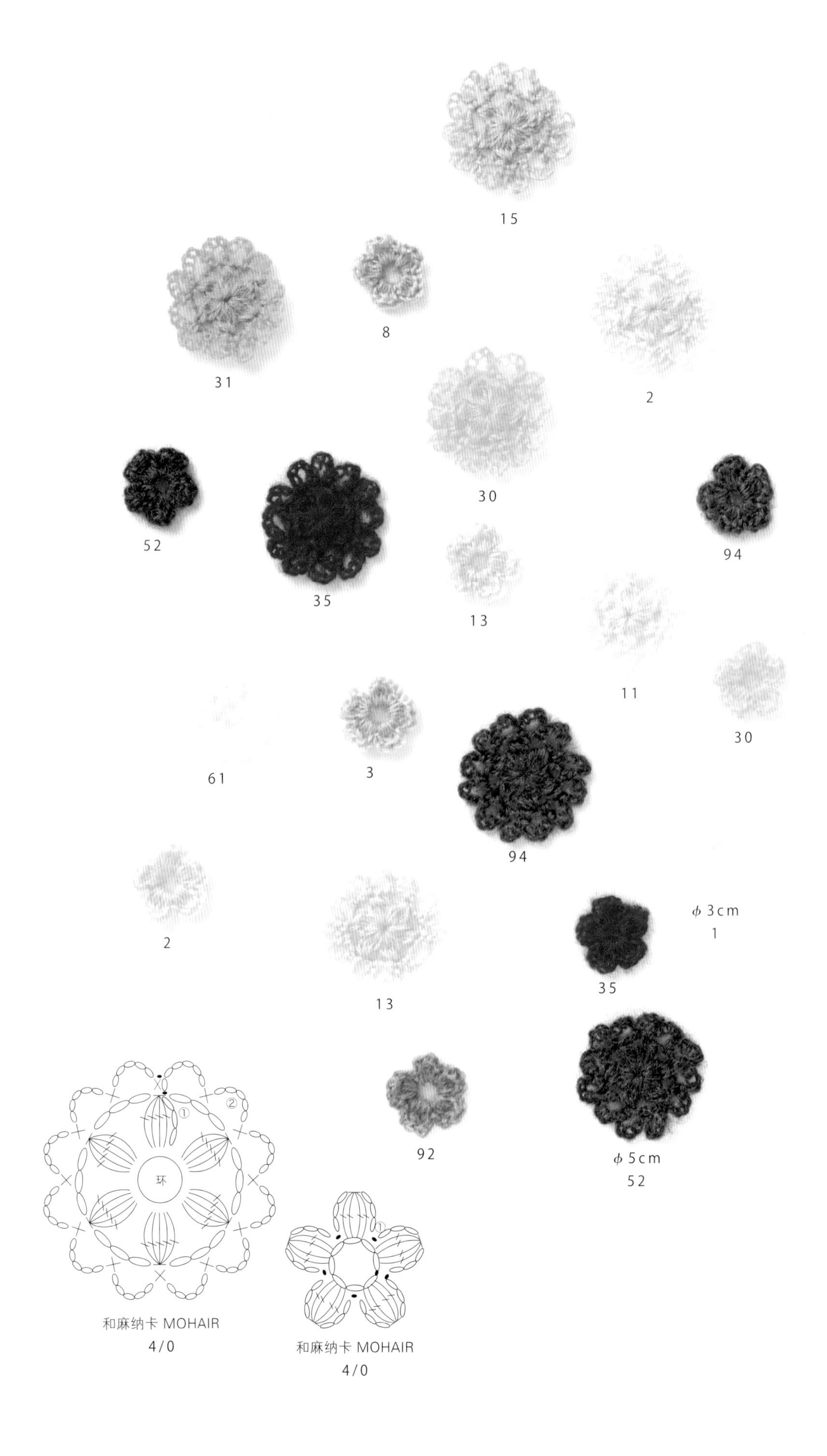
15
31
8
2
30
52
35
94
13
11
30
61
3
94
2
13
ϕ 3cm
1
35
92
ϕ 5cm
52
环
①
②
和麻纳卡 MOHAIR
4/0
①
和麻纳卡 MOHAIR
4/0

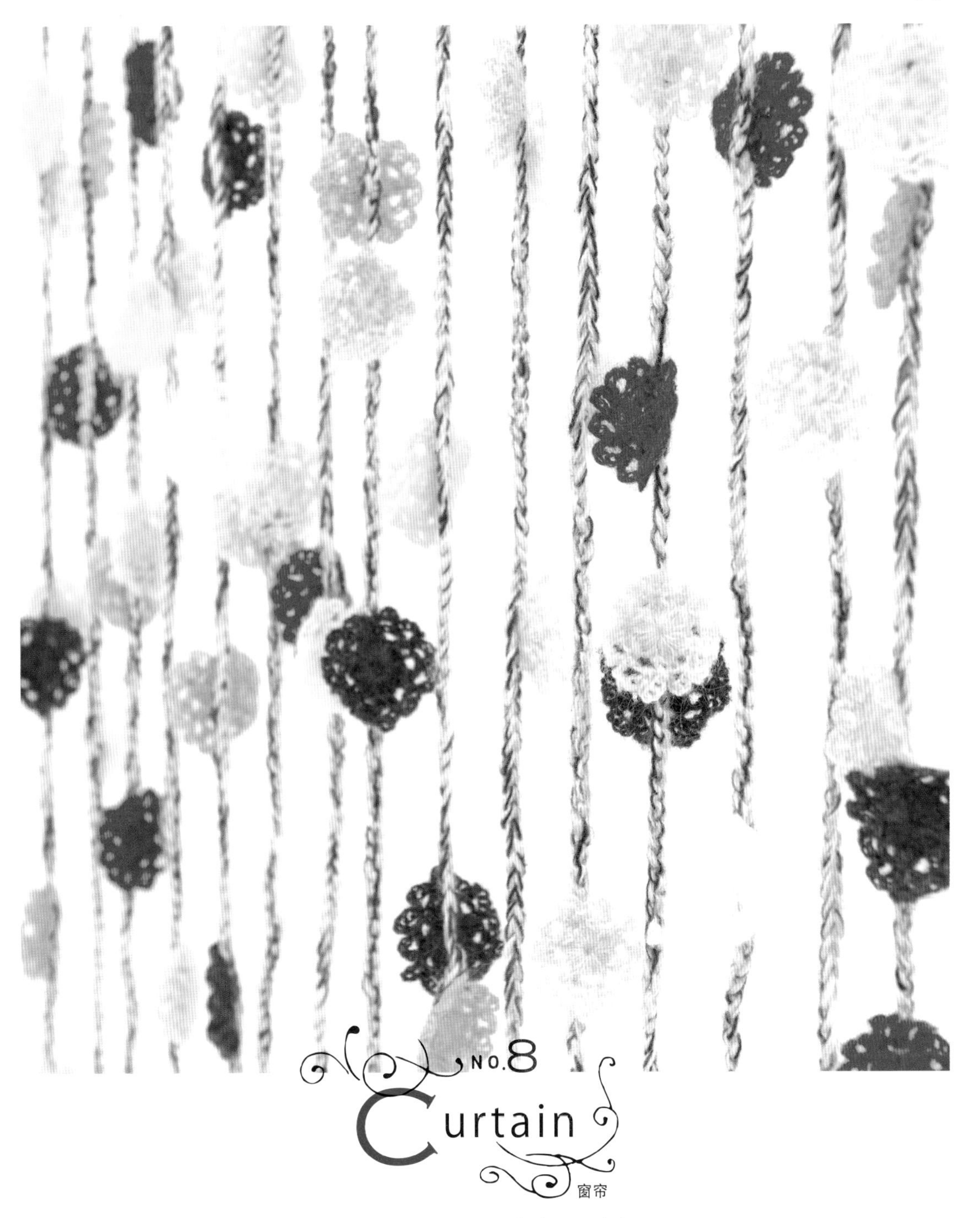

NO.8

Curtain

窗帘

窗帘是房间中每天都会看到的东西，要使用让人百看不厌的柔和色调。使用像和麻纳卡马海毛那样蓬松、柔软的毛线钩织许许多多的花片，然后将它们连接起来用作室内装饰，会给人一种女性的柔美之感。长度和宽度可根据个人喜好灵活调节。

⇒制作方法：P184

409 | 429

409 | 496

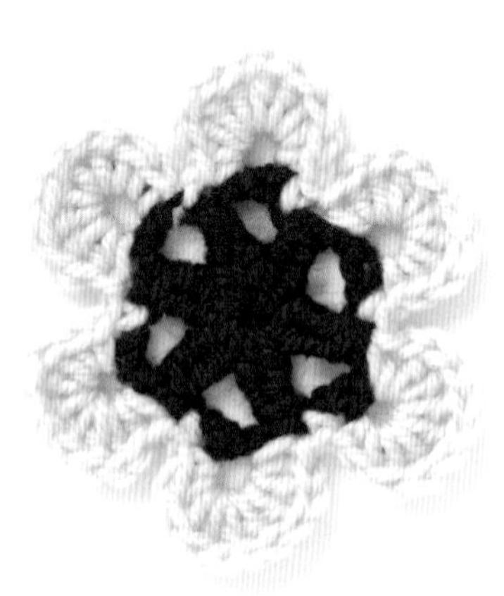

409 | 497

409 | 424

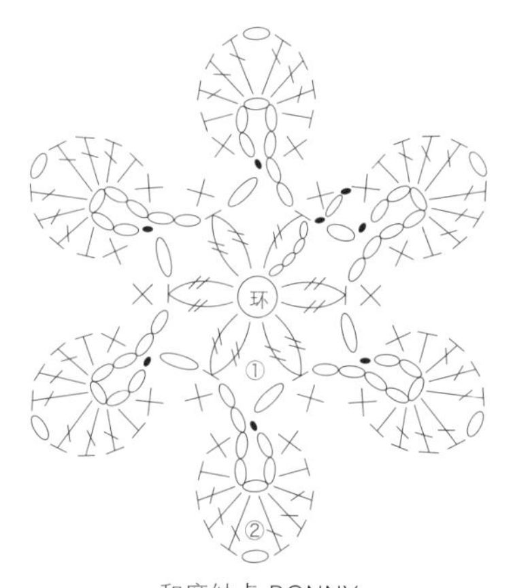

和麻纳卡 BONNY

7.5/0 ϕ11.5cm

用粗粗的毛线钩织富有立体感的花片，用作配饰或用来点缀其他物品，会有很强的存在感。

和麻纳卡 BONNY
7.5/0　ϕ13cm
※ 毛绒球的制作方法见 P191

3 | 13 | 4

20 | 31 | 4

7 | 37 | 4

和麻纳卡 PICCOLO
4/0 ϕ12cm

1 | 16

颇具立体感的花片。按照一定规律一圈一圈地钩织，慢慢地就会变成一朵大花的形状。

和麻纳卡 PICCOLO
4/0 ϕ10.5cm

79 | 17

103 | 114

67 | 25

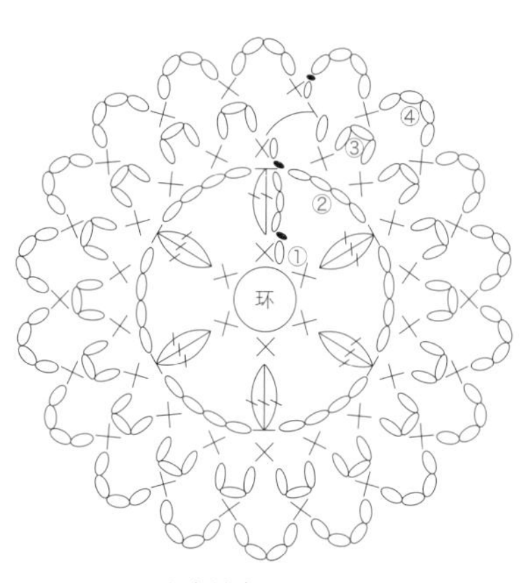

和麻纳卡 PERCENT
5/0 ϕ7.5cm

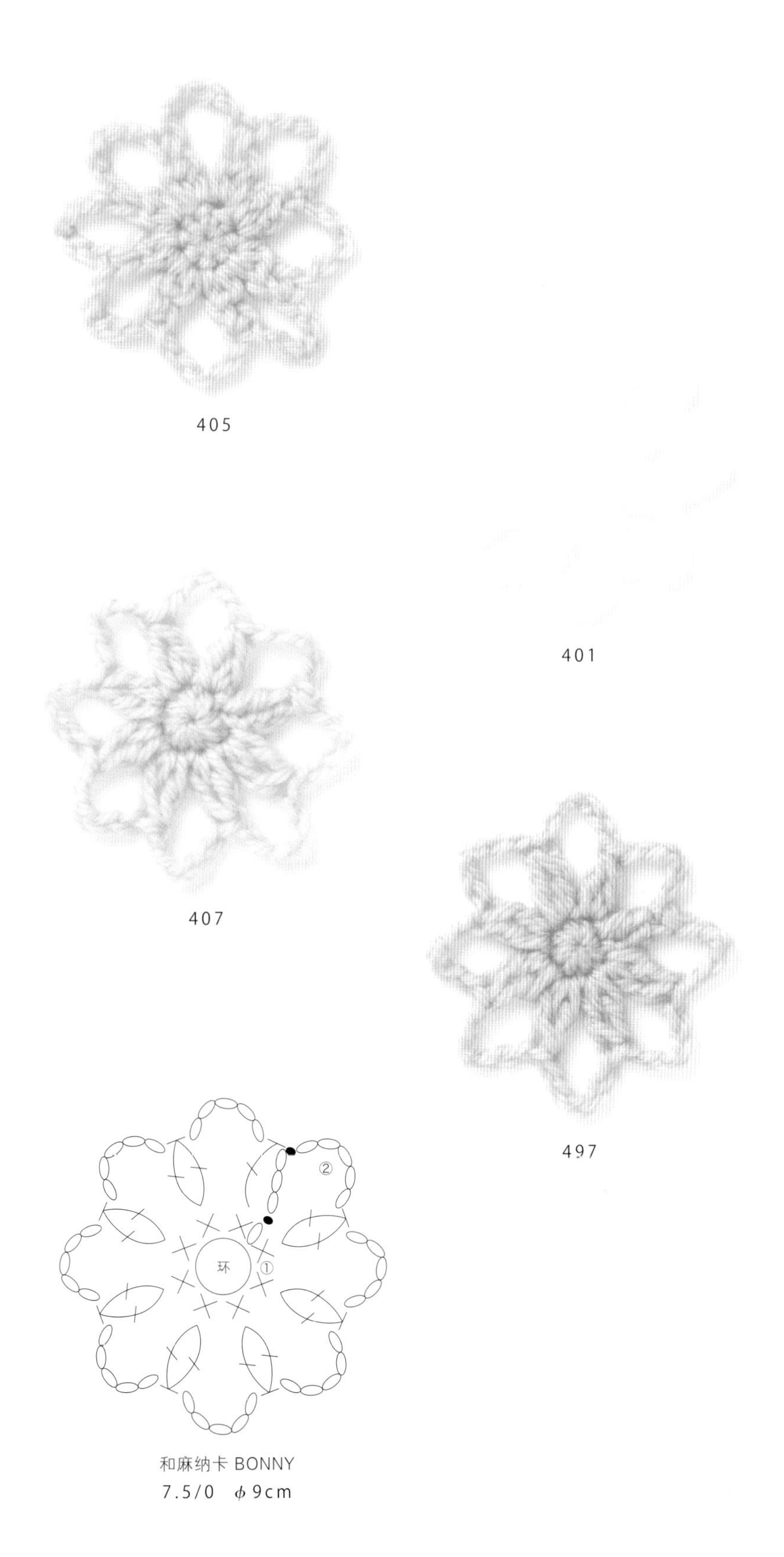

和麻纳卡 BONNY
7.5/0　ϕ9cm

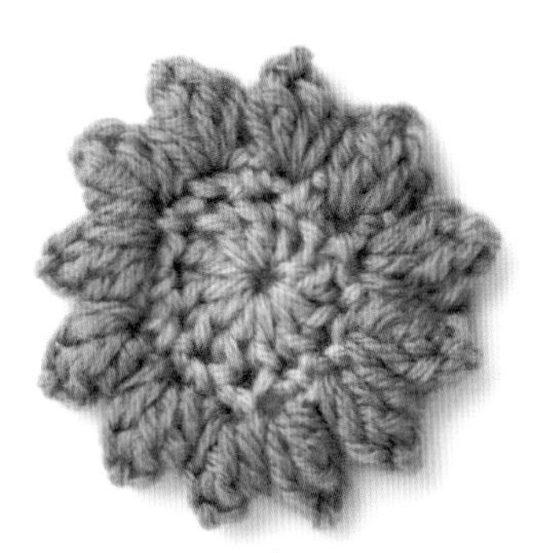

18 | 16

18 | 17

18 | 19

18 | 3

微微凸起的小型花片，用素雅的颜色进行钩织，即使很多种颜色组合在一起，也不会过于华丽，可以用作贴花。

18 | 1

18 | 5

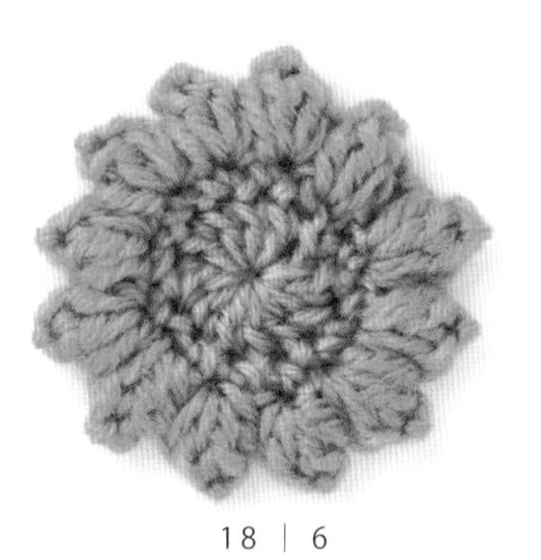

18 | 6

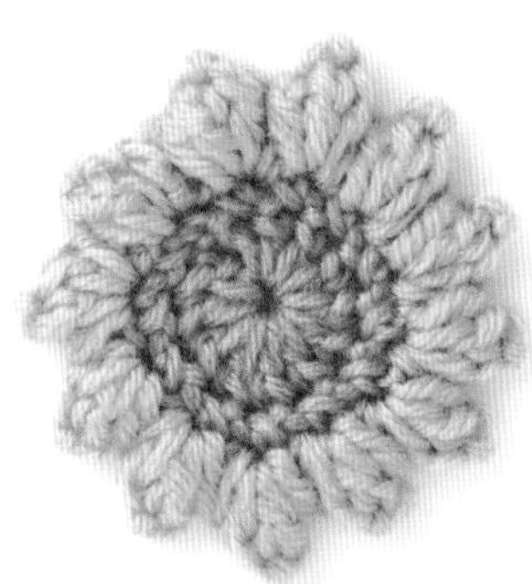

18 | 11

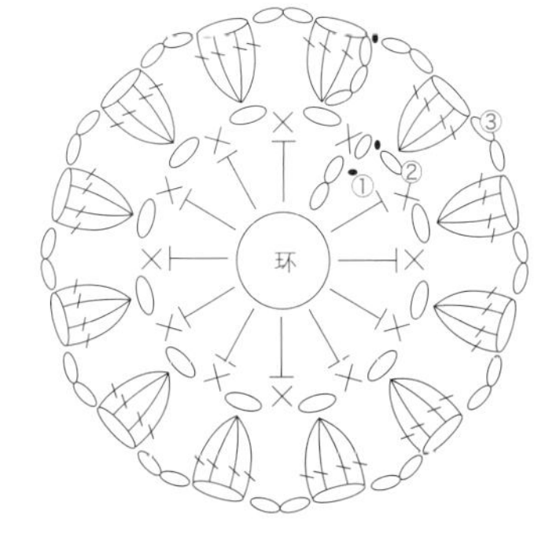

和麻纳卡 POM BEANS
5/0 φ6.5cm

61 | 45 | 61

61 | 24 | 61

61 | 94 | 61

和麻纳卡 MOHAIR

4/0 ϕ12.5cm

108 | 79

108 | 103

108 | 36

和麻纳卡 PERCENT
5/0 φ6.5cm

424 | 486

402 | 496

496 | 483

402 | 468

468 | 486

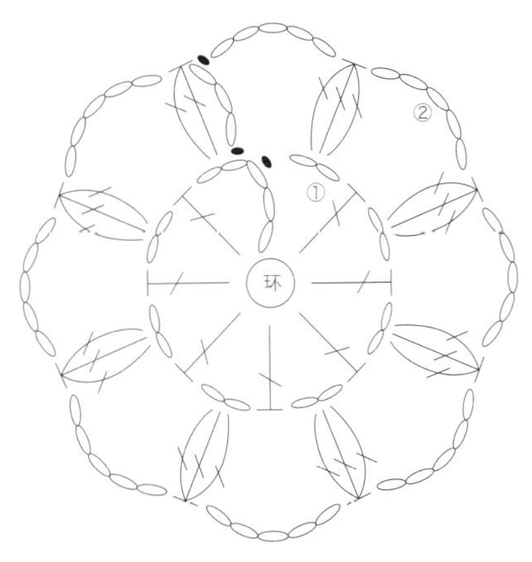

和麻纳卡 BONNY
7.5/0 φ9cm

322 | 9 | 57

330 | 52 | 13

314 | 55 | 74

内侧：和麻纳卡 EXCEED WOOL L〈中粗〉5/0
外侧 2 色：和麻纳卡 FAIRLADY 50 5/0
ϕ12.5cm

343 | 308 | 30

一片花片使用 2 种毛线进行钩织。特别是加入马海毛那样蓬松、柔软的感觉的话，会使花片看起来更加惹人喜爱。

308 | 322 | 2

322 | 343 | 80

内侧 2 色 · 和麻纳卡 EXCEED WOOL L〈中粗〉 5/0
外侧：和麻纳卡 MOHAIR 4/0
ϕ10cm

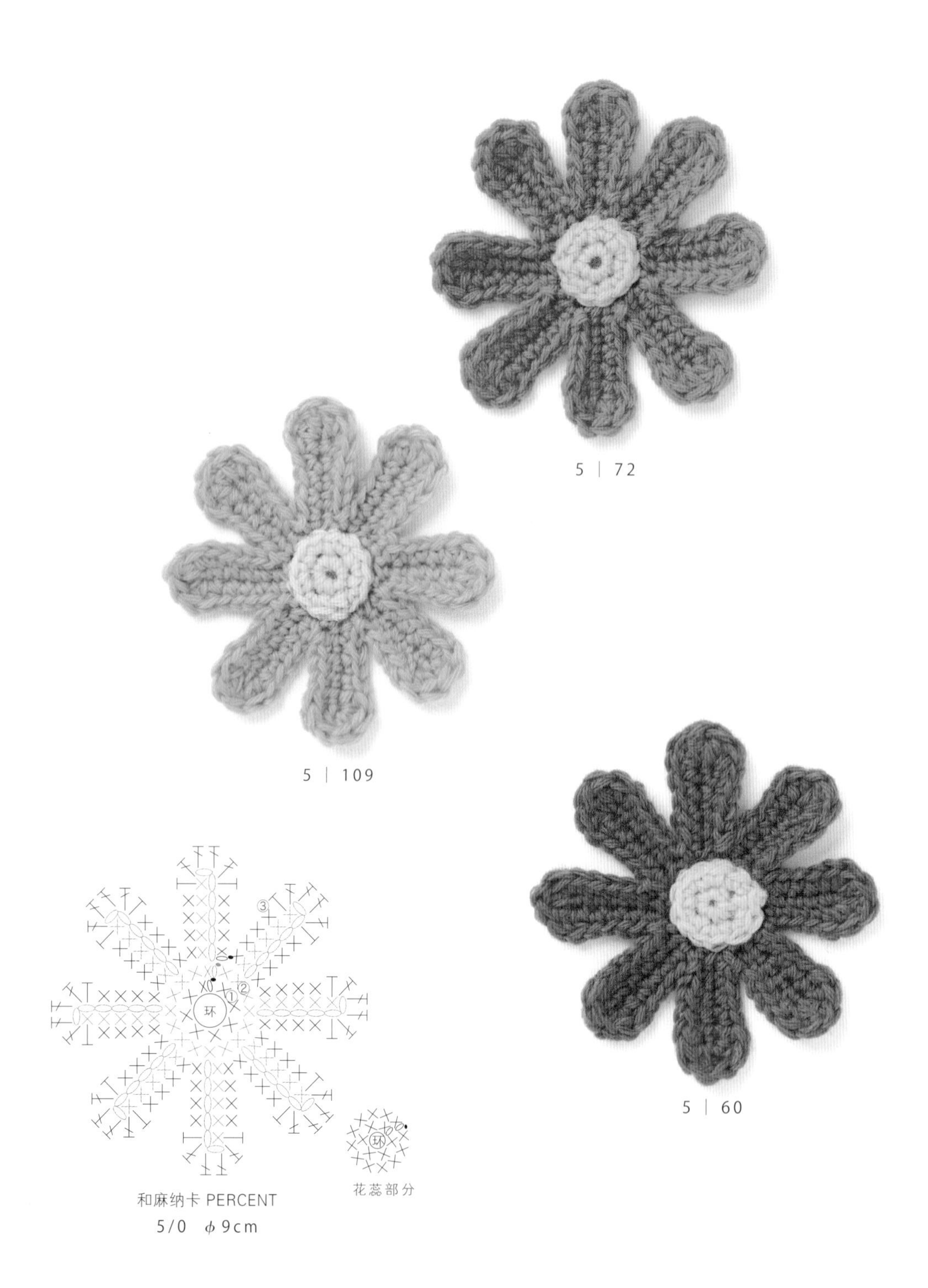

5 | 72

5 | 109

5 | 60

和麻纳卡 PERCENT
5/0 φ9cm

花蕊部分

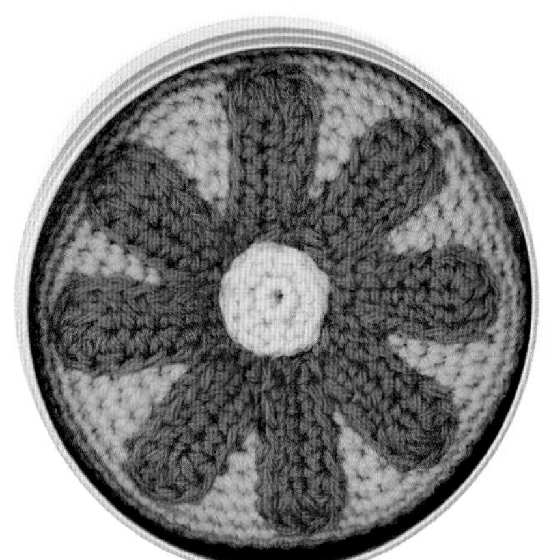

NO.9

Pincushion

针插

像针插这样的做针线活经常用到的小物件，其使用上的方便、好用非常重要。使用纤细、柔软毛线钩织出来的针插很容易把针插上，如果和带盖子的盒子搭配着使用，还很安全。图中作品上的花片是以贴花形式使用的。

⇒制作方法：P185

3 | 47 | 3 | 53 | 49 | 31 | 4

花瓣的颜色并不唯一，这是此款花片的特色。可以使用多种颜色，也可以2种颜色交替着使用，尽情享受不同的配色吧。

53 | 9

5 | 9

和麻纳卡 WANPAKU-DENIS
5/0 ϕ9.5cm

和麻纳卡 CANADIAN 3S
14
10/0　ϕ15cm

和麻纳卡 DREANA
6
6/0　ϕ13.5cm

和麻纳卡 ARAN TWEED
10
8/0　ϕ11cm

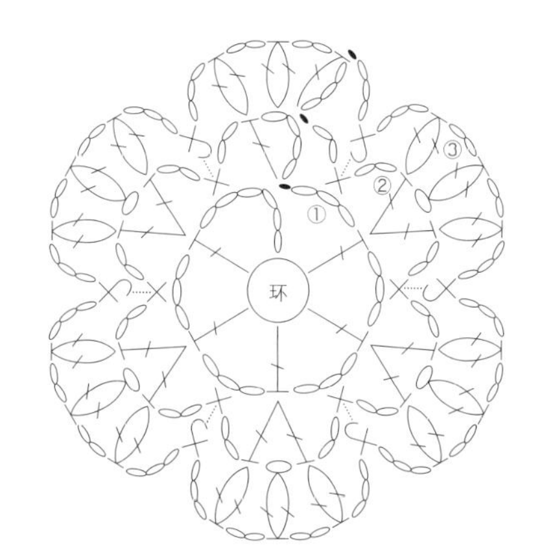

117

针目较少的网状花片最大的魅力是易于钩织、快速完成。很适合用作花环和其他装饰品。

101

133

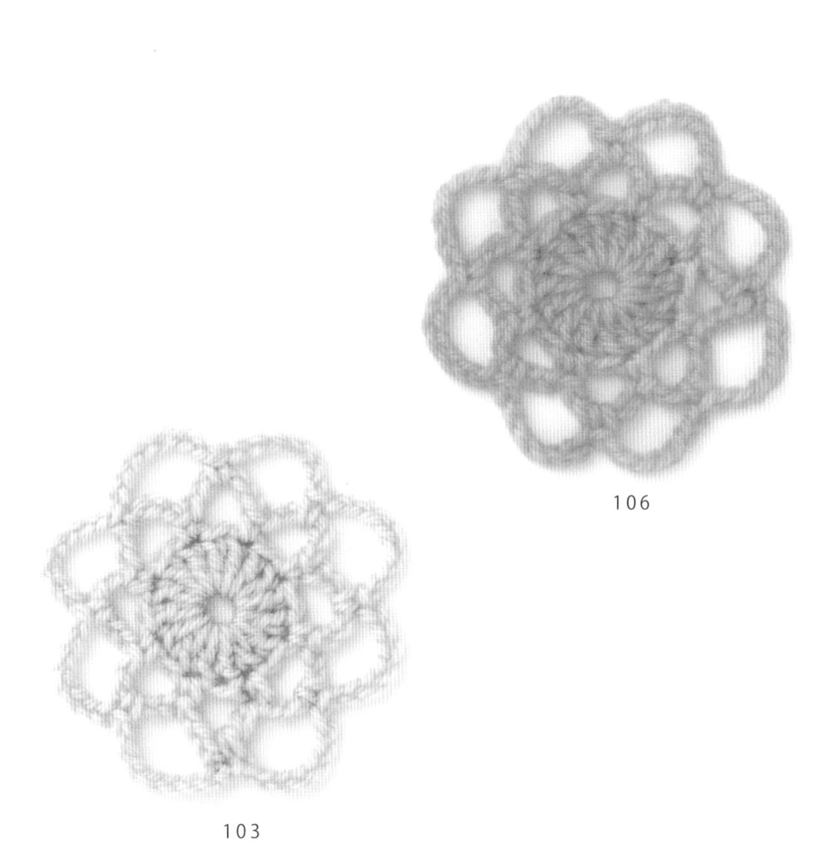

106

103

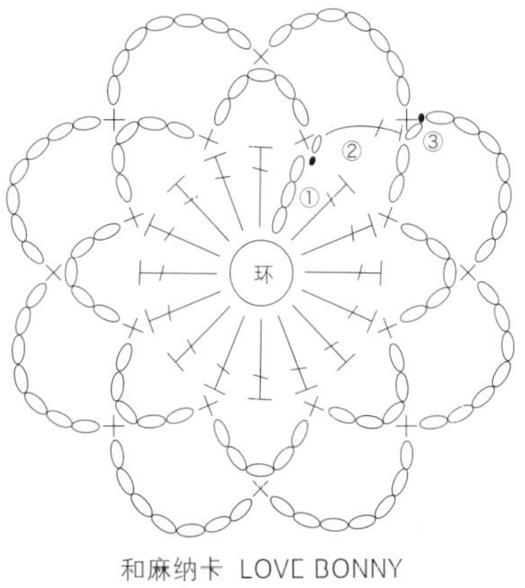

和麻纳卡 LOVE BONNY
5/0 φ10cm

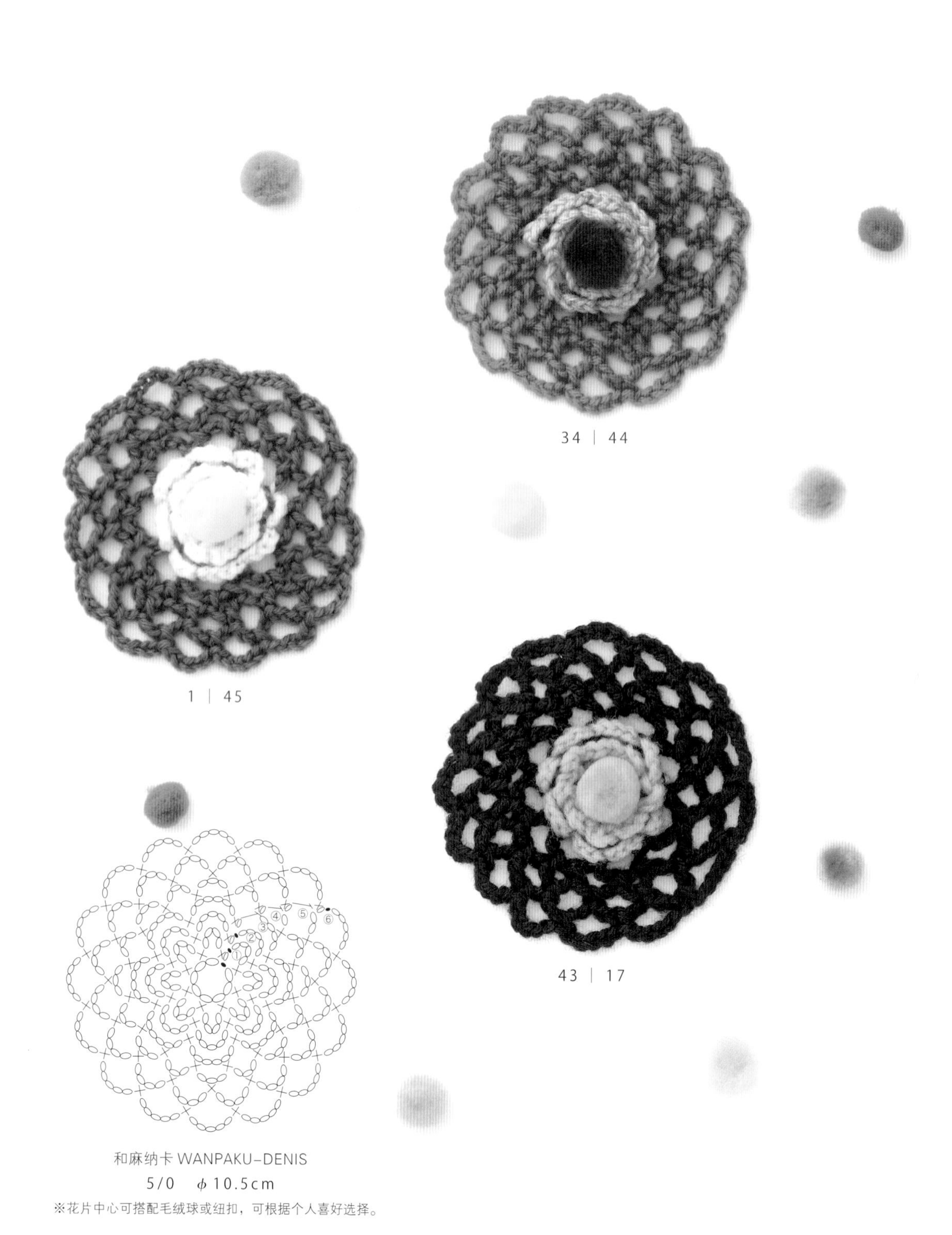

和麻纳卡 WANPAKU-DENIS

5/0　ϕ10.5cm

※花片中心可搭配毛绒球或纽扣，可根据个人喜好选择。

FLOWER

用简单的小花片来做色彩搭配的游戏。个人的创意不同，搭配方法也各种各样。

和麻纳卡 BONNY
7.5/0　φ4cm

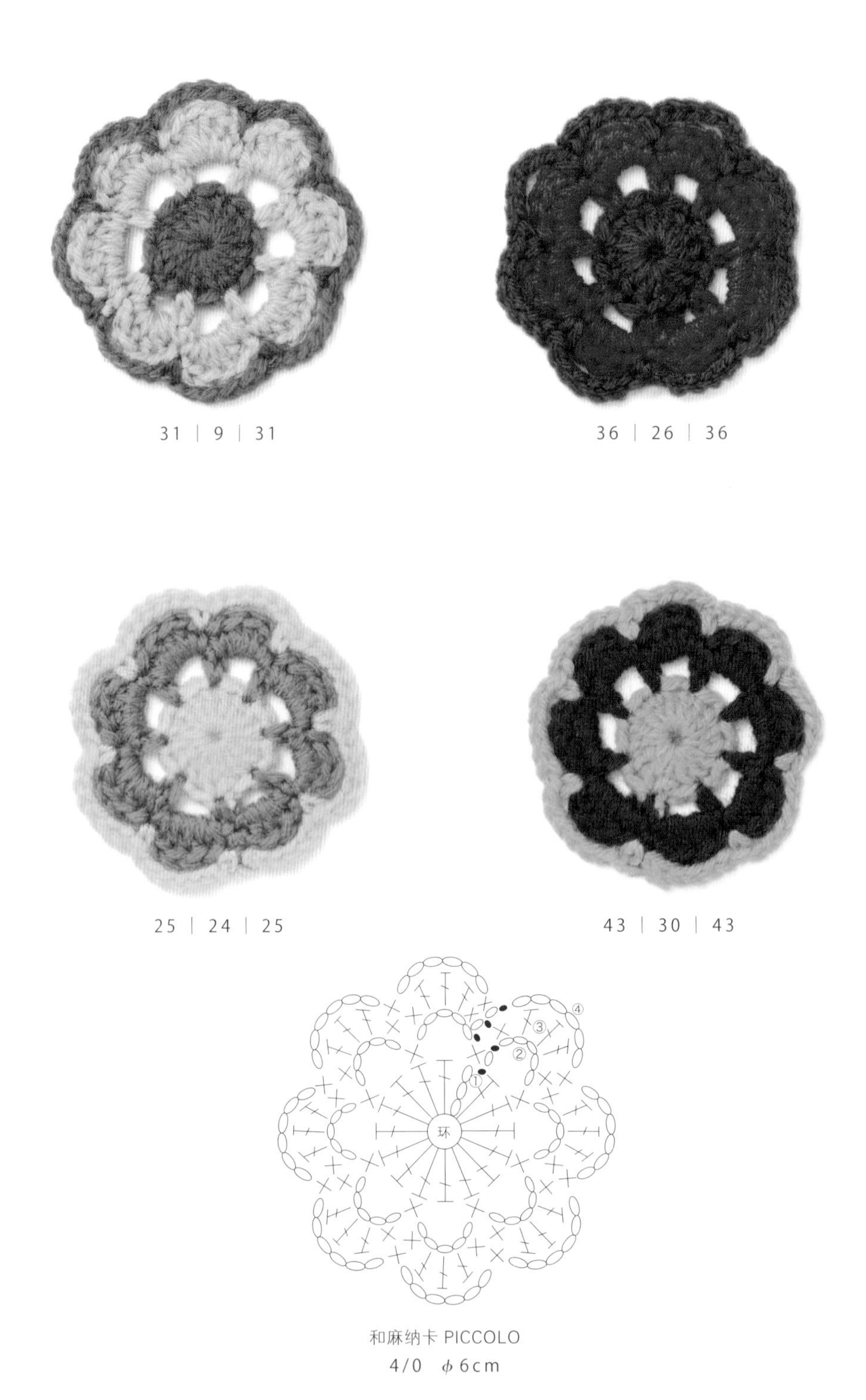

31 | 9 | 31

36 | 26 | 36

25 | 24 | 25

43 | 30 | 43

和麻纳卡 PICCOLO
4/0 φ6cm

配色示例

“配色”，指的是将 2 种以上的颜色搭配在一起。
特别是在钩织花片需要用到多种颜色的时，人们常常迷惑于色彩的搭配。
从根本上说是将喜欢的颜色组合在一起，
但还是很难决定具体色彩的搭配。
下面给大家介绍光晕组合的流行配色。

配色方案图谱

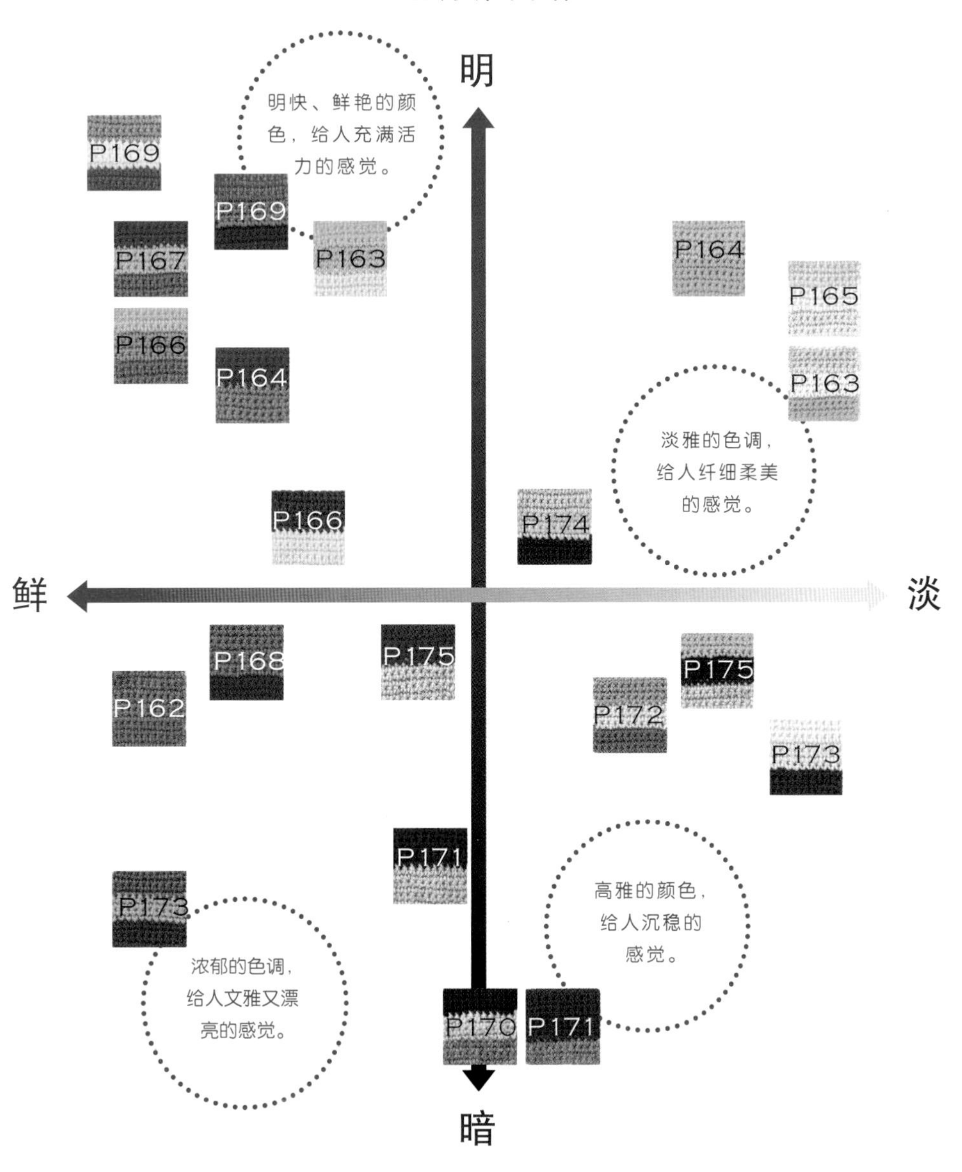

ROMANTIC

带您走向甜蜜世界的
浪漫色彩

和麻纳卡 PERCENT

53
72

60
100
67

35
60

72
35
60

100
67

100
53
60

JUICY

让人想起酸酸甜甜的
橙汁的清爽橘色

和麻纳卡 PERCENT

102
5

5
108

102
109

配色范例图解说明

和麻纳卡 PERCENT …… 毛线的商品名

35
108
…… 毛线的色号

※标准钩针型号 5/0 号。P168、169 的霓虹色、中国红所用的是 7.5/0 号钩针。

REFRESH

让人想起清凉的湖水和
碧蓝天空的活力蓝色

和麻纳卡 PERCENT

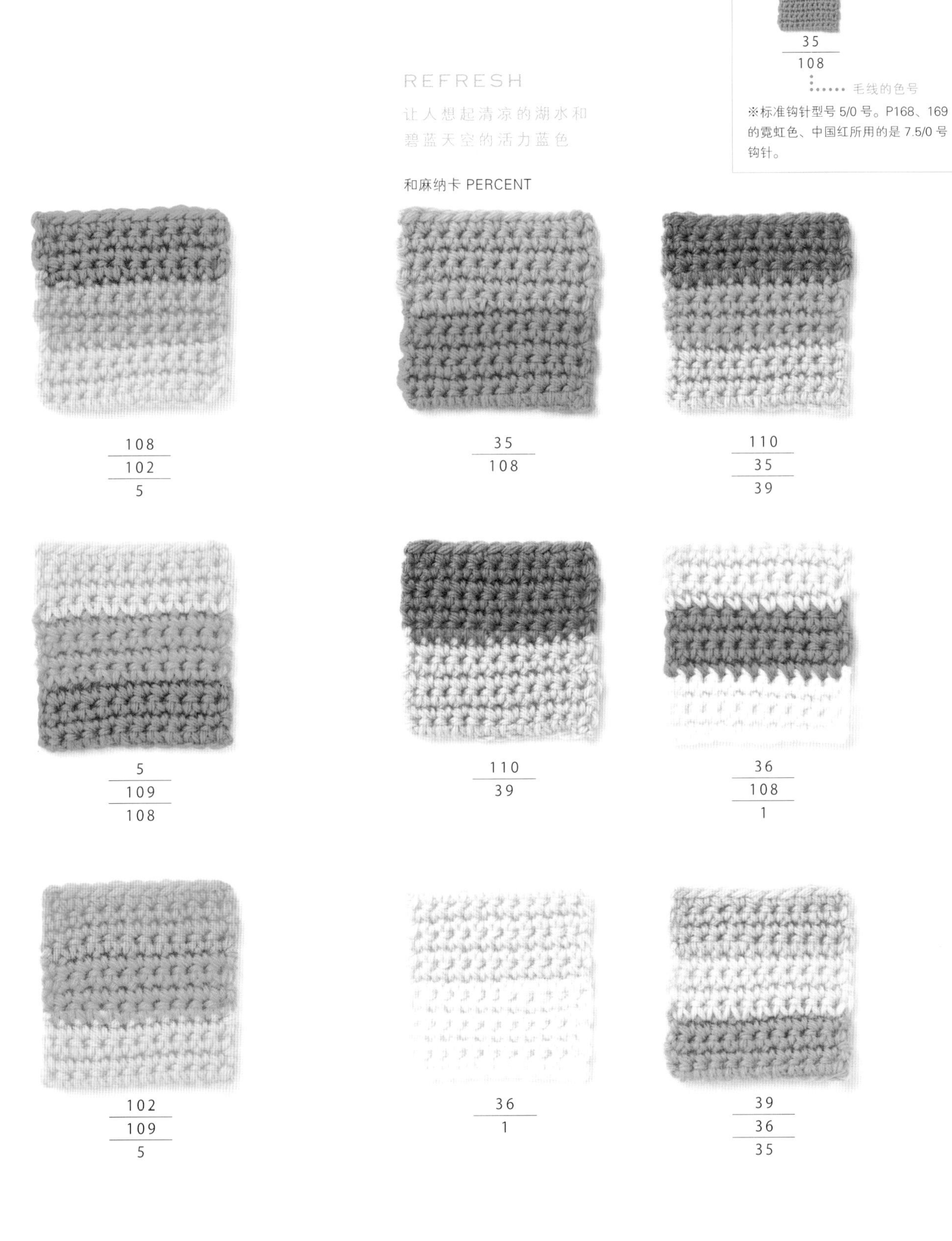

MARINE

大海和太阳组合！
航海风情色彩

和麻纳卡 PERCENT

43
5

73
1
43

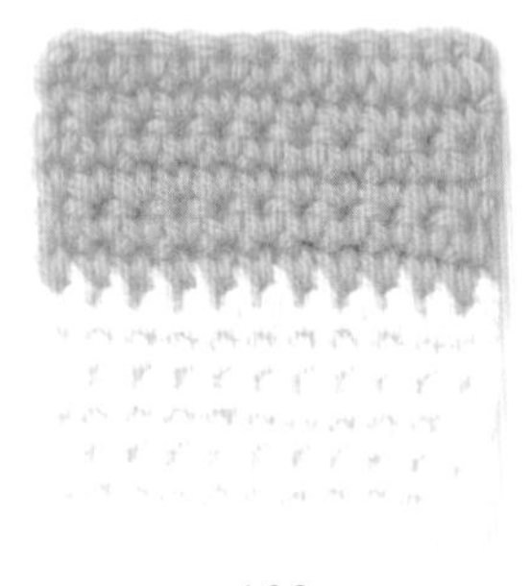

102
1

5
110
102

73
110

43
102
73

HAWAIIAN

爱与和平！
夏威夷风情色彩

和麻纳卡 PERCENT

101
35

108
67

35
79

FANTASY

装点童话世界的
奇幻色彩

和麻纳卡 WANPAKU-DENIS

35
67
79

47
5

53
49
5

101
35
67

49
53

4
3
47

108
67
35

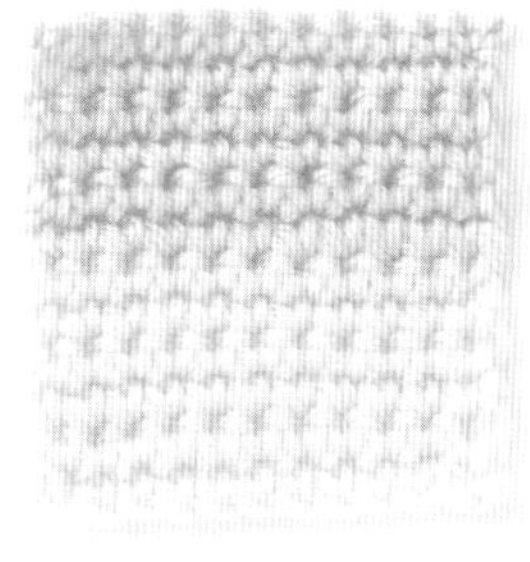

4
3

49
53
3

GIRLY

彰显少女甜美可爱的
粉色系大集合

和麻纳卡 PERCENT

67
72

102
72
60

102
114

114
102
73

73
60

72
73
60

GORGEOUS

蕴含华丽高贵氛围的
名媛风配色

和麻纳卡 PERCENT

112
5

114
43

100
107

KITSCH

鲜艳 × 独特
大众色

和麻纳卡 PERCENT

43
114
5

73
109

101
108
61

5
100
107

101
61

73
109
60

100
114
112

108
60

61
73
109

SEXY

恶魔的色调
妖艳风情

和麻纳卡 PERCENT

73
96

61
112
73

112
61

103
60
61

103
60

61
96
73

NEON

光彩夺目的
霓虹色

和麻纳卡 BONNY

468
495

432
437

429
487

CHINOISERIE

享誉海外的
中国红

和麻纳卡 BONNY

468
432
495

404
468

468
424
404

437
495
468

424
432

476
468
404

487
432
429

476
468

432
468
424

NOBLE

安静与典雅并存的
高贵色彩

和麻纳卡 PERCENT

90
43

90
96
97

112
89

89
63
120

46
75

53
46
25

GENTLE

经典传统、富有品位的
绅士色彩

和麻纳卡 PERCENT

120
89

103
100

96
63

SMART

冷静与睿智的
蓝色调

和麻纳卡 PERCENT

63
120
103

25
52

110
46
39

100
96
120

96
108

109
1
25

89
63
100

46
96

112
39
97

ETHNIC

动感、热情、奔放的
民族风

和麻纳卡 PERCENT

103
33

63
5
86

86
5

33
17
103

112
75

103
108
5

NATURAL

没有刻意修饰的痕迹的
简约的自然色

和麻纳卡 WANPAKU-DENIS

13
31

3
1

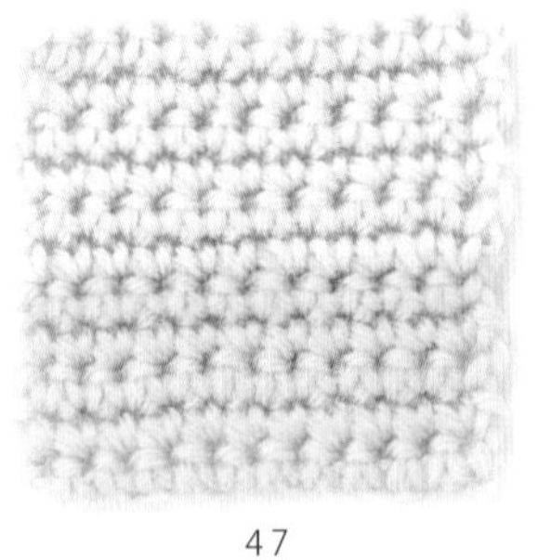

47
53

JAPANISM

流传千年、厚重的
日本风情

和麻纳卡 POM BEANS

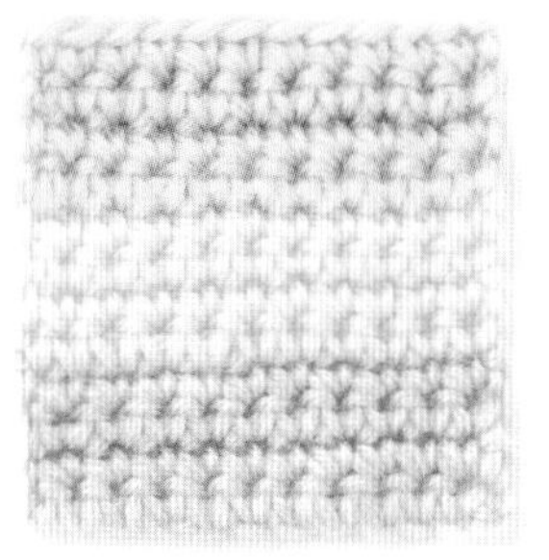
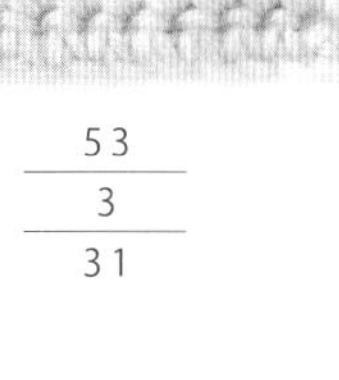

53
3
31

8
2

8
6
13

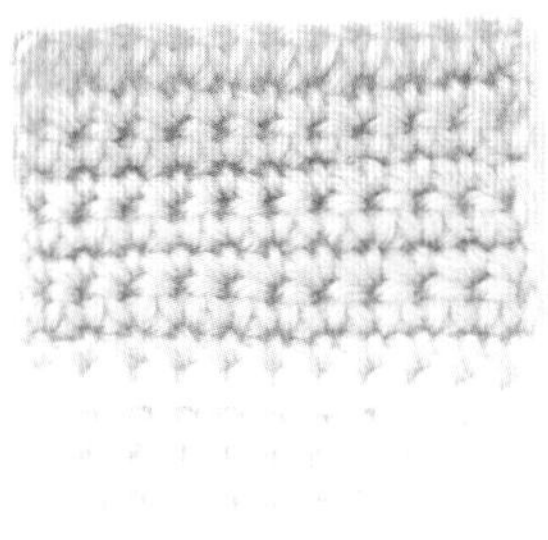

31
47
1

5
13

15
14
11

3
31
13

7
47
（和麻纳卡 WANPAKU-DENIS）

5
16
8

FRENCH CHIC

广为喜爱的古典、优雅的
法国风情

和麻纳卡 EXCEED WOOL L〈中粗〉

324
312

322
302
304

346
340

319
342
314

332
304

314
304
308

RETRO

令人怀念的
新式复古魔法

和麻纳卡 PERCENT

63
106

5
63

61
102

SCANDINAVIA MODERN

时尚的
北欧流行色

和麻纳卡 PERCENT

63
120
97

111
5

13
1
25

35
89
96

75
96

111
39
109

79
90
104

63
107

90
107
5

COLOR LESSON

配色课堂

如果对颜色的了解比较充分，钩织花片的过程也会变得更加有趣。
如果对配色心存困惑，或者是厌倦了常见的配色，下面这些配色技巧肯定能给您带来惊喜。

色相配色

配色有几个基本色相。给红、黄、绿、蓝、紫等 5 种原色加入 5 种间色，组成 10 种基本色，以这 10 种色相为基础，组成的孟塞尔色相环（实际上，将这 10 种色相各自从一到十继续细分，总计可以得到 100 种色相）可以挑战各种各样的配色。※ 色相指色调。

同一色相配色

将红色和粉色等颜色较为接近的同色系颜色组合在一起。因为色相一致，很容易搭配。在色相环中，属于角度为 0° 或接近的配色。

补色色相配色

像红色和蓝绿色那样，角度为 180° 左右、在 10 色相环中色相差为 5 的配色。因为色相差别较大，所以很有视觉冲击力。

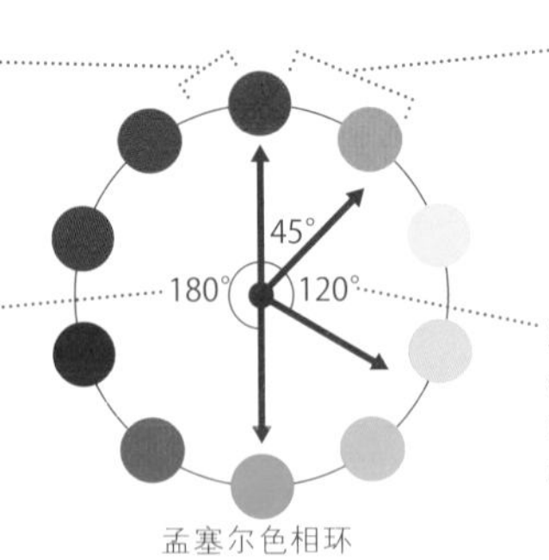

孟塞尔色相环

相近色相配色

角度约为 45° 的相邻配色。和同一色相配色相比多了色相差，但也是非常协调、统一的配色。

对照色相配色

像红色和黄、绿色那样角度约为 120° 的配色。因为存在色相差，所以有对比度，很容易形成富有活力的配色。

常见配色

常见的配色用语。在你为配色为难的时候，下面这些配色可以帮到您。

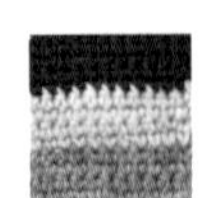

单调色

使用黑、白、灰等不鲜艳、不起眼的暗色调。如果想要给人安静沉稳的感觉，这种配色再适合不过了。

三色

像法国、意大利国旗那样，使用 3 种颜色的配色。色彩对比鲜明，是非常明快的流行色。

双色

2 种颜色的配色。用孟塞尔色相环来说，如果使用补色色相配色，会很有视觉冲击力。如果使用同一色相配色、相近色相配色，则带给人淡雅、协调的感觉。

多色

使用 3 种以上颜色进行配色。同一色相、补色色相、相近色相、对照色相等，使用颜色的角度差不同，会产生各种各样的效果。

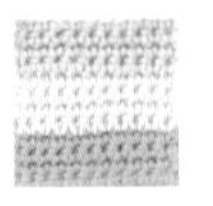

渐变色

孟塞尔色相环的色彩顺序就是按照颜色渐变排列的。将相邻的两三种颜色组合在一起，会得到具有平衡感、让人很容易亲近的配色。

配色的组成

3 种以上颜色的配色会稍微复杂一些。颜色种类增多，组成的花片也会绚丽多彩，钩织的乐趣也大为增加，但是一定要注意色彩之间的平衡。首先，参照右图以 4 色为例进行说明。

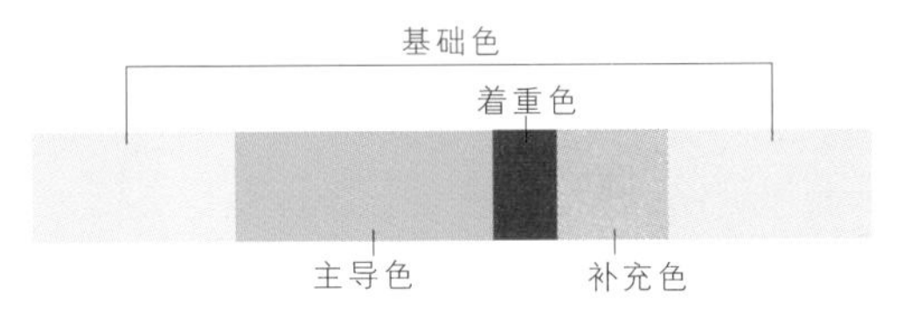

基础色

花片主体使用最多的颜色。这个颜色会给花片定下整体的基调，所以要先确定下来。一般来讲，选择自己喜欢的颜色是不会错的。

主导色

花片主体使用次多的颜色。这个颜色要和基础色进相搭配，一般来讲，选择同一色相或相近色相的颜色会很协调。

补充色

为了衬托基础色和主导色的颜色。要选择不突兀、能和整个花片相匹配的颜色。

着重色

在花片中起强调作用的颜色。4 种颜色在一起时，它是最引人注目的颜色。只需使用一点，便很显眼，这样的颜色最合适。

花片小物的钩织方法

下面介绍使用本书中出现的花片钩织小物的方法。
请使用自己喜欢的配色进行尝试。

NO.1 毛毯（P15）

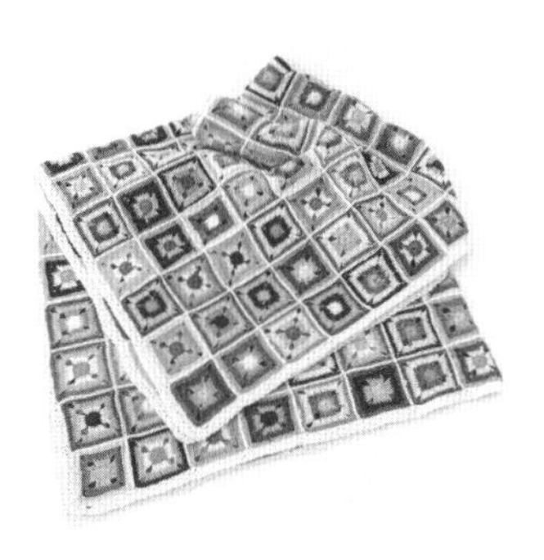

<材料>

☆线：和麻纳卡 PERCENT
1、17、25、33、52、67、70、72、73、79、102、108、111、112、114 各 3~4 团
☆针：钩针 5/0 号

<钩织方法>

①钩织 225 片 P14 的花片，按照 15 片 ×15 片进行布局。
②每片花片如图 A 所示进行布局，用卷针缝（P190）的方法缝合。
③缝合后，如图 B 所示用 1 根线钩织毛毯的边缘。

图 A

图 B

NO.2 饰带（P27）

<材料>

☆线：和麻纳卡 POM BEANS 3、4、5、15、16、17 各 1/4 团，1、14 各 1 团

☆针：钩针 5/0 号、7/0 号（钩织边缘）

<钩织方法>

①钩织 8 片 P26 的花片。

②如图 A 所示引拔接合（P191），挑取左边花片的短针针目使其连接在一起。

③一边连接花片，一边如图 B 所示在左右两端用 1 根线钩织连接细绳的部分。

④从连接在一起的花片边缘取线 1、线 4 各 1 根一起如图 C 所示钩织反短针和细绳。

⑤如图 D 所示，将 10 根剪成 60cm 的线并为一束，对折做流苏，连接在细绳端头的锁针上。

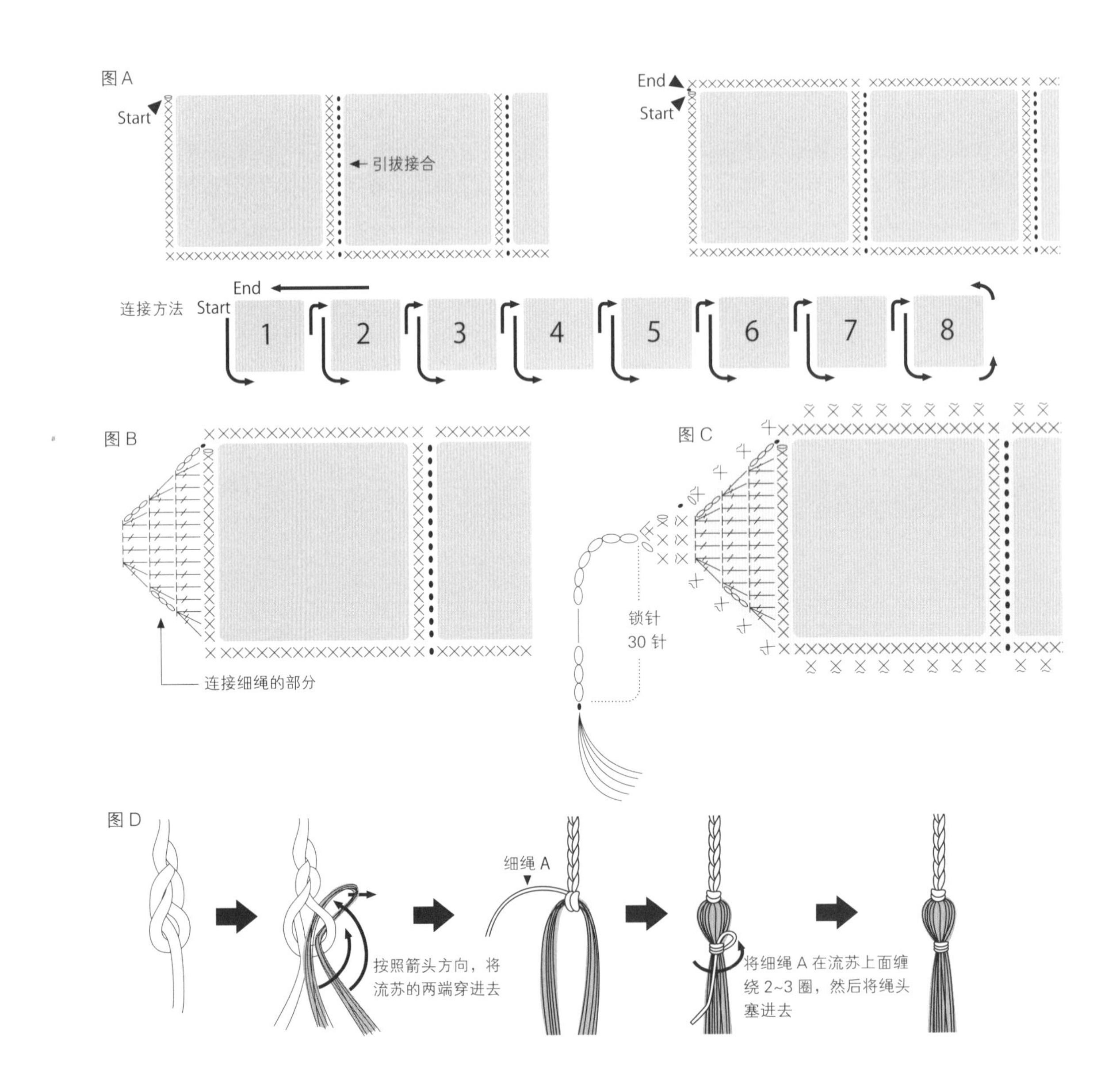

NO.3 杯垫和防滑垫 (P59)

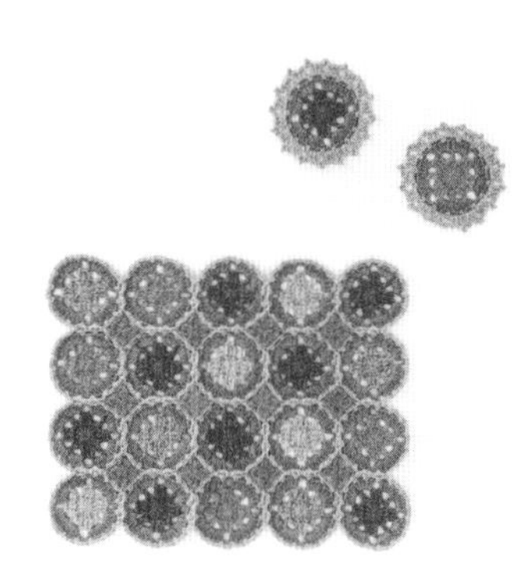

＜材料＞

☆线：和麻纳卡 YASAI-BATAKE M ＜中细＞ 5、8 各 1 团，4、6、7、10 各半团

☆针：钩针 5/0 号

＜钩织方法 / 防滑垫＞

① P58 的花片分别钩织 4 片，共计 20 片。用线 8 按照图 A 的顺序将花片连接在一起。

②用线 5 和线 4 钩织迷你小花片，如图 B 所示依次填在花片之间的 12 个空隙。

＜钩织方法 / 杯垫＞

钩织 P58 的花片，如图 C 所示用线 8 钩织边缘装饰。

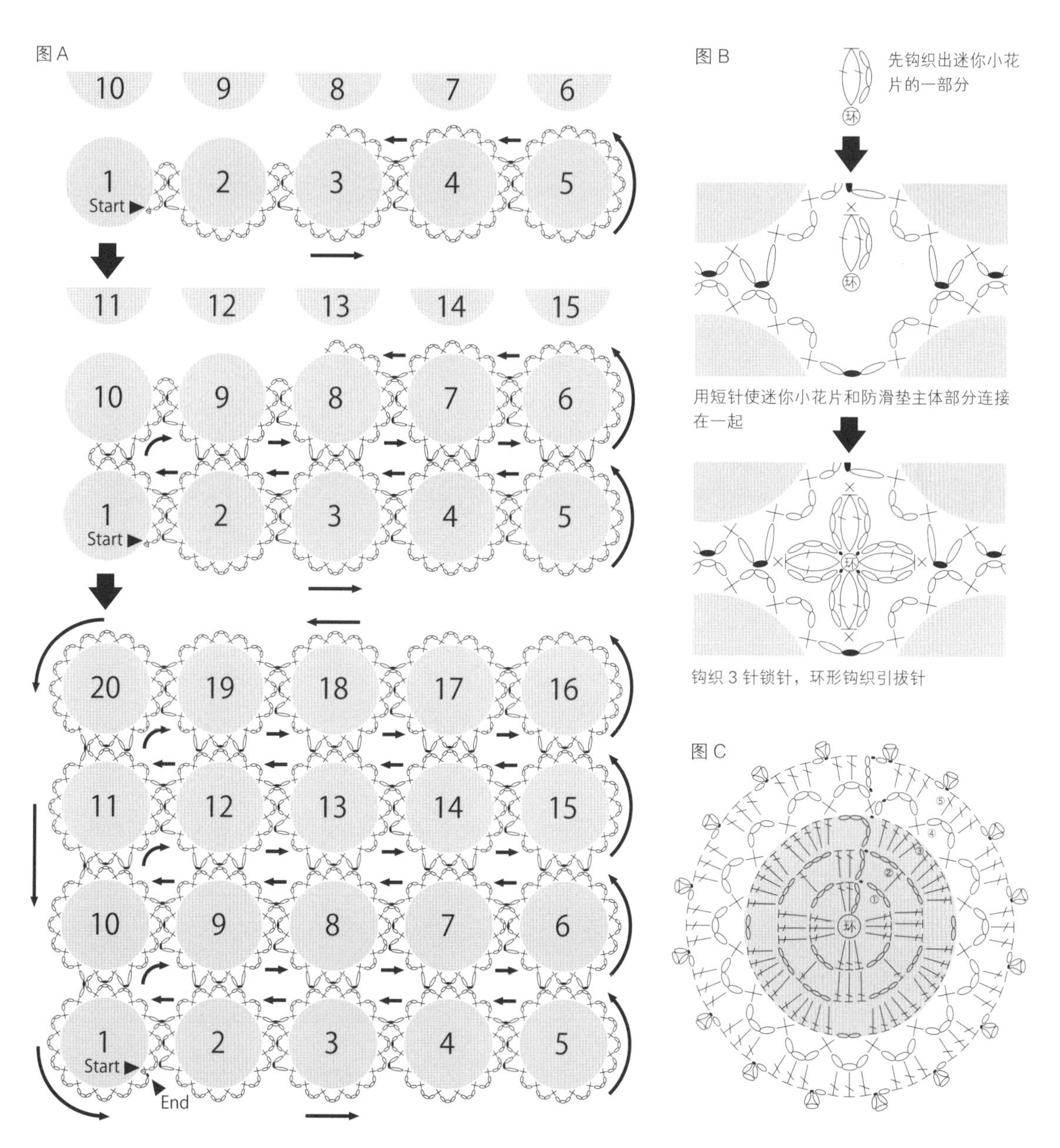

NO.4 坐垫（P75）

<材料>

☆**线：**和麻纳卡 DREANA 4、28、37、52、55 各 1 团

☆**针：**特大钩针 7mm

※ 用大号钩针松松地钩织。

<钩织方法>

①如下图所示，钩织 P74 的花片，多钩织 7 行。此为正面。

②反面参照 P42 的花片，用多余的线一圈一圈地钩织至正面大小。

③用短针将正面和反面接合在一起。

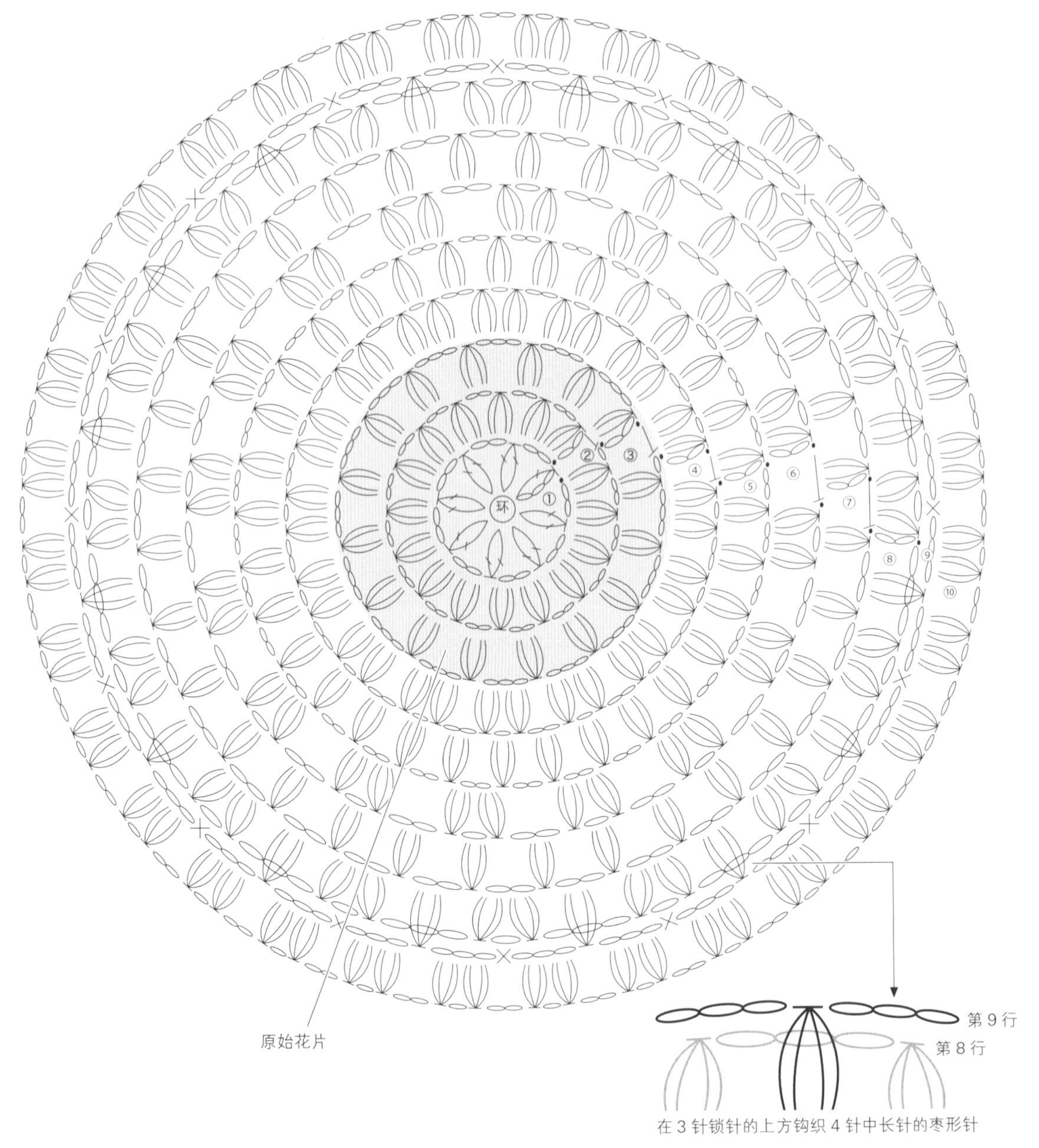

NO.5 室内装饰（P91）

＜材料＞

☆**线：**和麻纳卡 BONNY 495、424、468、437、429 各 1 团

☆布条 1.5m

☆手缝线（红色）

☆**针：**钩针 7.5/0 号 手缝针

＜钩织方法＞

①钩织 10 片 P90 的花片。

②用卷针缝的方法将花片底边固定在布条上。

※ 如右下图所示，先钩织好狗牙针的话，就可以组合出具有立体感的花片（请参照 P159）。

NO.6 手拿包（P99）

＜材料＞

☆线：和麻纳卡 DREANA 4、8、28、37、45、55 各 1/4 团，6 1 团，27 2 团

☆弹簧口金（20cm）

☆针：钩针 6/0 号 手缝针

＜钩织方法＞

①钩织 17 片 P98 的花片。

②如图 A 所示进行布局，使用手缝针和线 27，用全针的コ形缝合（P191）方法将花片缝合在一起。对折，将侧面缝合在一起。

③如图 B 所示，用线 6 钩织包裹口金的部分，用手缝针将其缝在连接在一起的花片上。

④插入弹簧口金，将两端合在一起并用螺丝将其固定。

※ 流苏的做法请参照 P191。

图 A

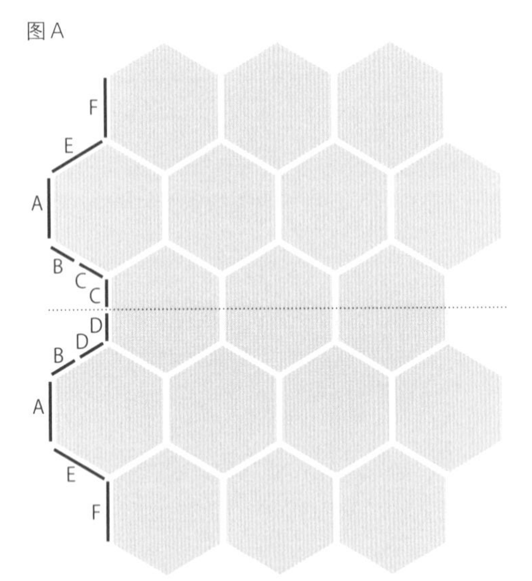

对折，将 A、B、C、D 缝合在一起

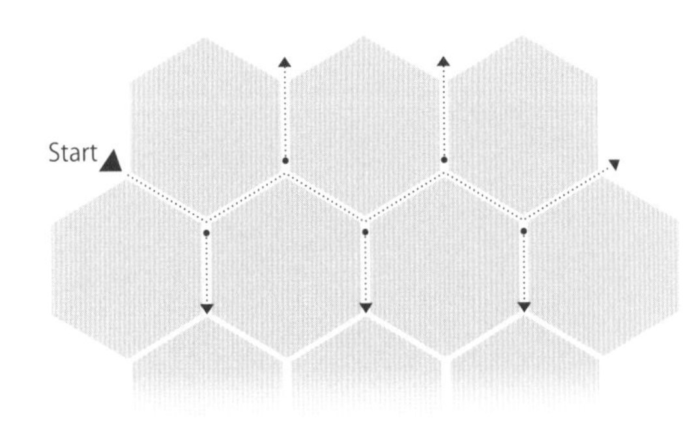

图 B

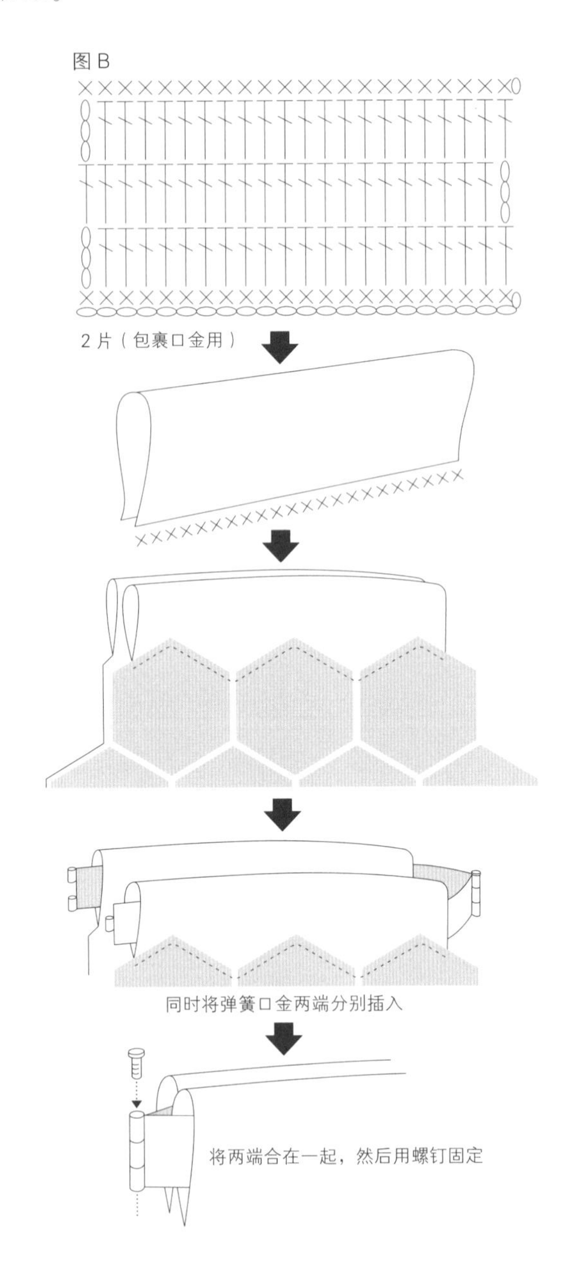

NO.7 围巾（P129）

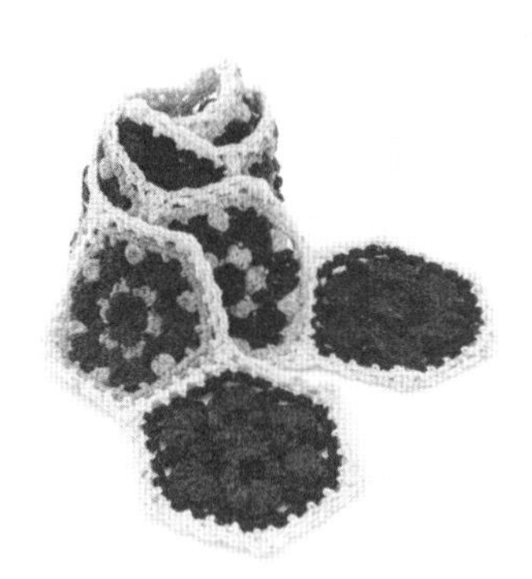

＜材料＞

☆**线：**和麻纳卡 ARAN TWEED　1、4、5、6、8、10、11 各 1 团

☆**针：**钩针 8/0 号

＜钩织方法＞

①钩织 9 片 P128 的花片。

②如图 A 所示，用线 1 将花片按顺序连接在一起。

③然后按照图 B 钩织饰边。

图 A

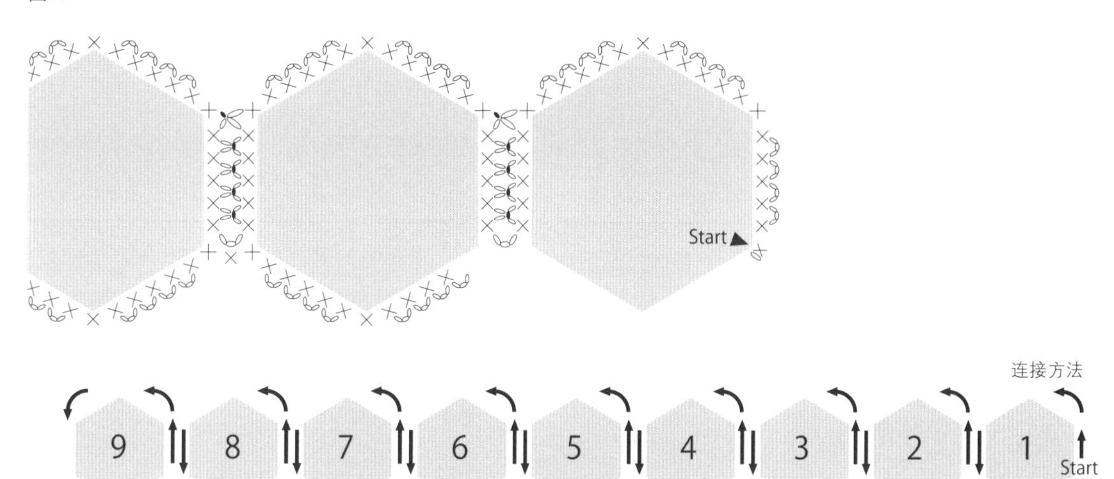

图 B

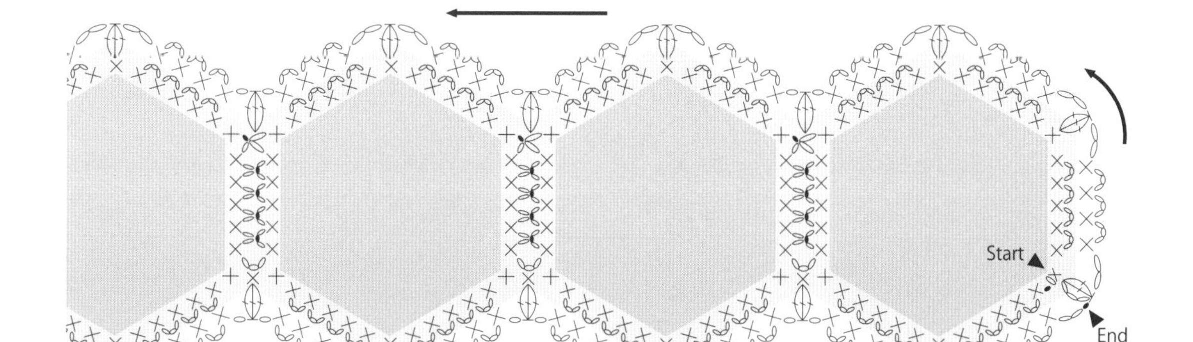

NO.8 窗帘（P137）

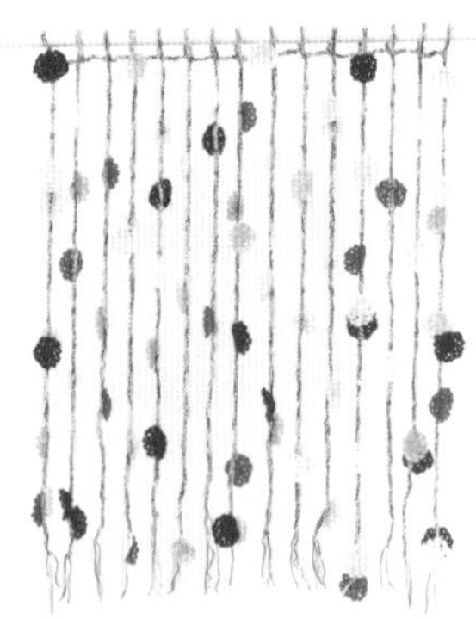

＜材料＞

☆线：和麻纳卡 MOHAIR 2、11、13、15、30、31、35、52、61、94 各 1 团

☆ 70~80cm 的棍棒

☆针：钩针 4/0 号（花片用）、7/0 号（主体用）

＜钩织方法＞

①钩织 80 片 P136 的大花片，编织起点和编织终点的毛线不用处理。

②如下图所示，取线 13、线 15、线 52、线 61，钩织 15 条细绳（主体）。

③用编织起点和编织终点的线将花片系在主体上。

※ 可根据个人喜好钩织 P136 的小花片。

重复

Start 6 Start 5 Start 4 Start 3 Start 2

编织终点的线

编织起点的线

分别系上

将线头塞到花片里面

锁针 100 针

End 5 End 4 End 3 End 2 End 1 Start 1

NO.9 针插（P153）

<材料>

☆**线：**和麻纳卡 PERCENT 5 1/4 团、60、72、109 各 1 团

☆填充棉约 50g（1 个针插的量）

☆直径 108mm、深 53.5mm 的带盖盒子

☆手缝线（白色）

☆**针：**钩针 5/0 号 手缝针

<钩织方法>

①如图 A 所示，钩织 2 片圆形花片。此为针插的主体。

②在步骤①中的 2 片花片之间塞入填充棉，短针接缝缝合。

③如图 B 所示，用卷针缝的方法将 P152 的花片固定在针插主体上。

※ 塞入填充棉时，放入少量蜡烛碎末，这样针不容易生锈。

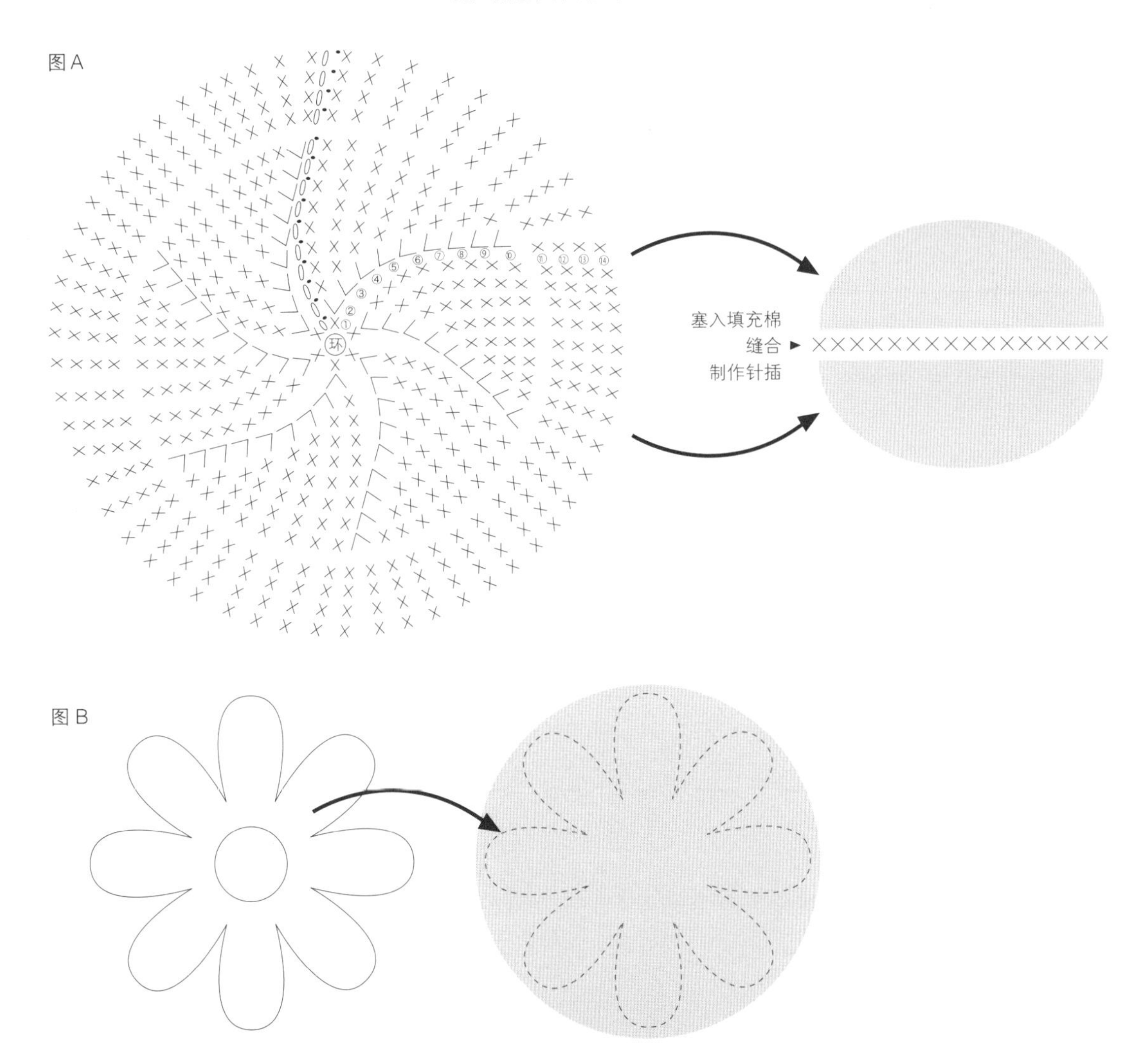

钩针课堂

基本的钩织方法

下面介绍钩针编织的基本方法。请准备好您喜欢的线和钩针，熟记这些基本方法，挑战本书中的花片吧。

钩针的选择

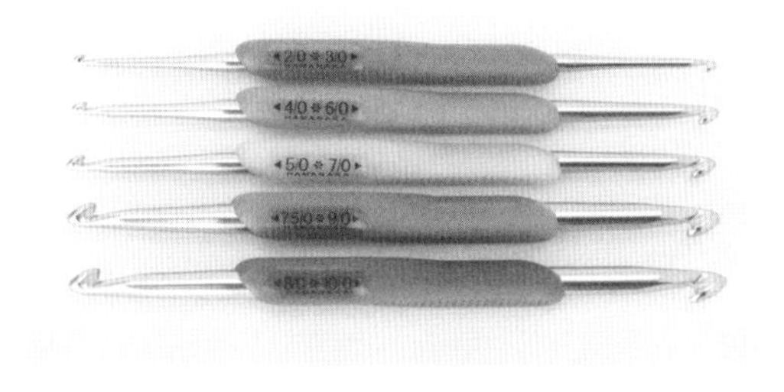

钩针有 3/0、5/0 等不同的号数。如果你不清楚该如何选择钩针，可先选毛线，然后根据毛线标签上写的建议来选择使用的钩针号数。一般来说，建议初学者选择 4/0 号 ~7/0 号钩针和略粗一些的毛线。

钩针的拿法和开始钩织的方法

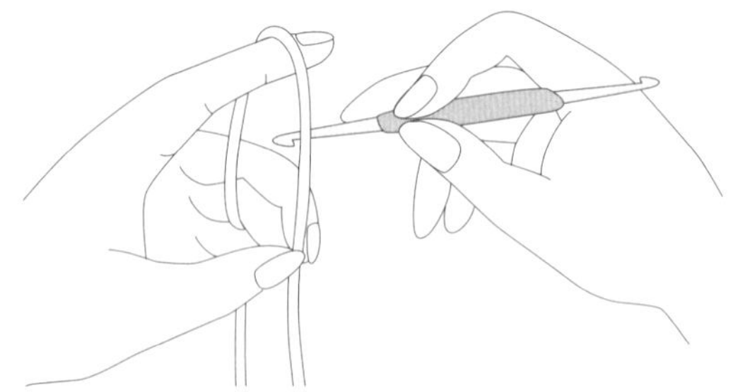

右手拿针，左手拿线。
将线挂到食指和小指上，用拇指和中指拿着线头。

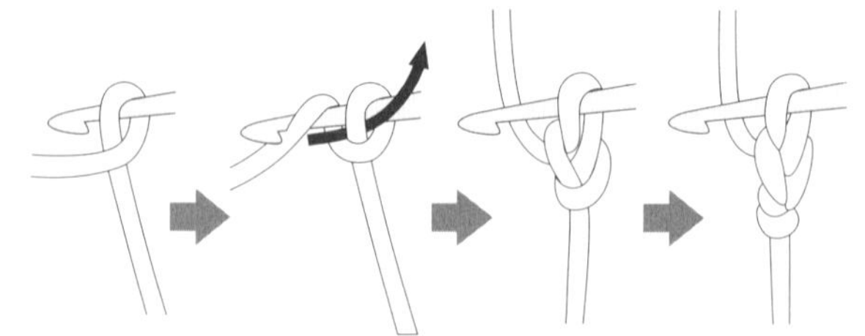

最常见的钩织方法是锁针。
将线卷在钩针上，如图所示进行钩织。

用短针从线圈上做环形起针

①将线轻轻地在左手食指上缠绕 2 圈。

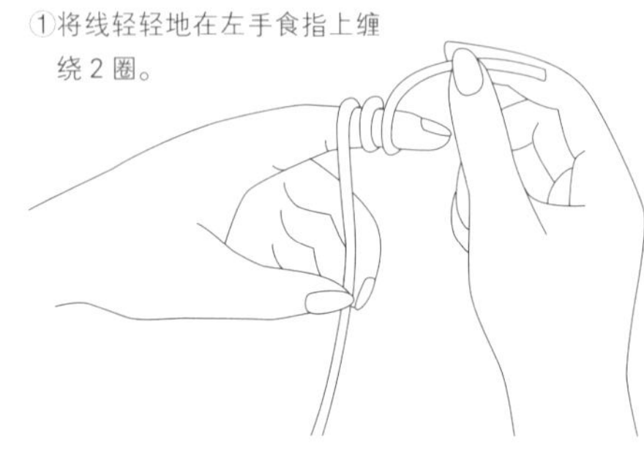

②从左手上取下来，将钩针插入环形线圈，挂线引拔。

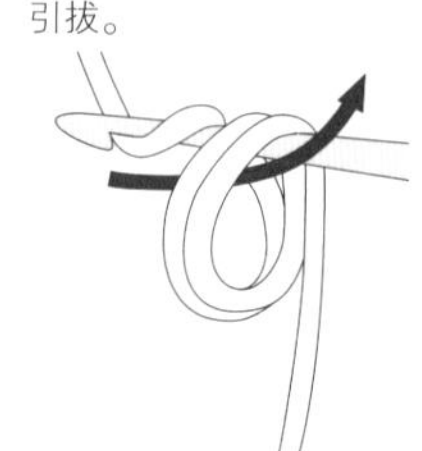

③再次挂线引拔，钩织 1 针立织的锁针。

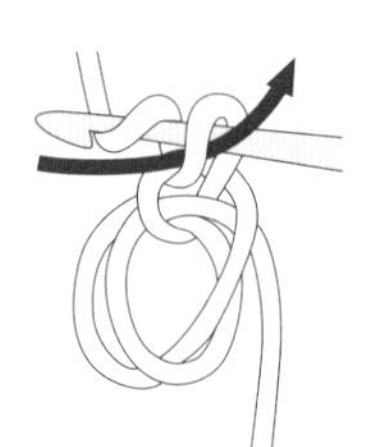

④将钩针插入环形线圈，钩织短针。

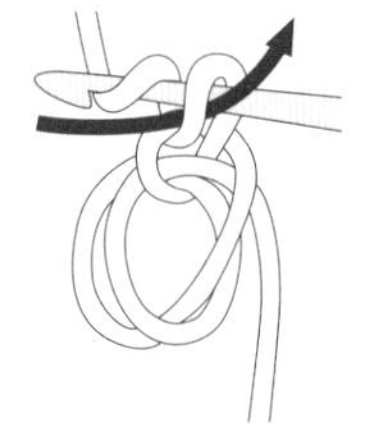

⑤按照步骤④的要领不断钩织。

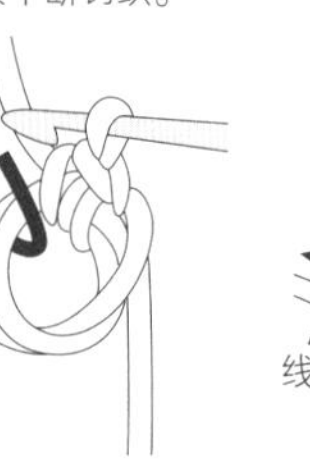

⑥钩织所需数量的针目后，将线头稍微向箭头方向拉一下。

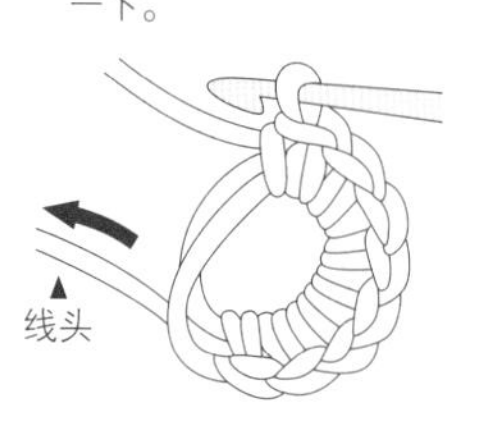

⑦将环形线圈 B 拉向箭头方向，线圈 A 收紧。

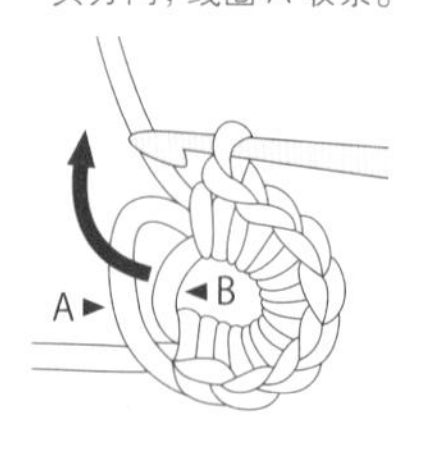

⑧再次拉线头，将线圈 B 收紧。

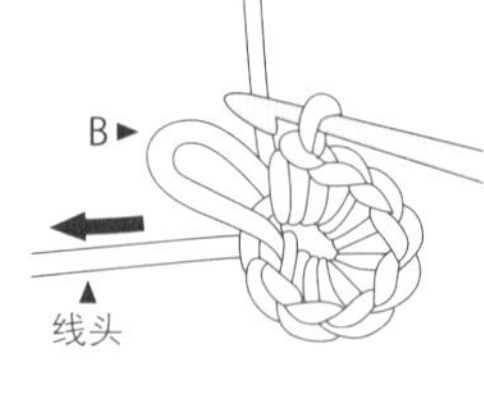

⑨在第 1 行的编织终点挑取短针的顶部，挂线引拔。

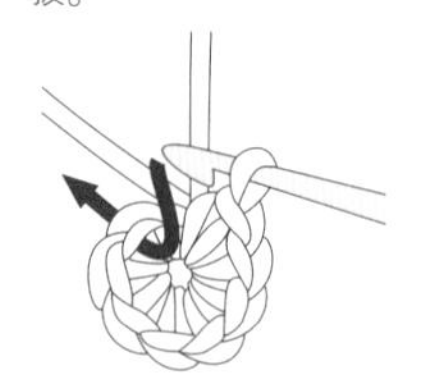

用短针进行练习

①钩织 20 针左右锁针，立织 1 针，然后挑起第 1 针锁针的半针和里山。

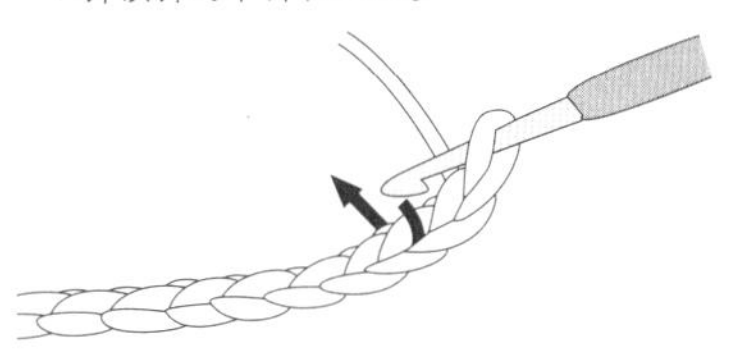

②挂线，按箭头方向引拔。

③再次挂线，全部引拔。

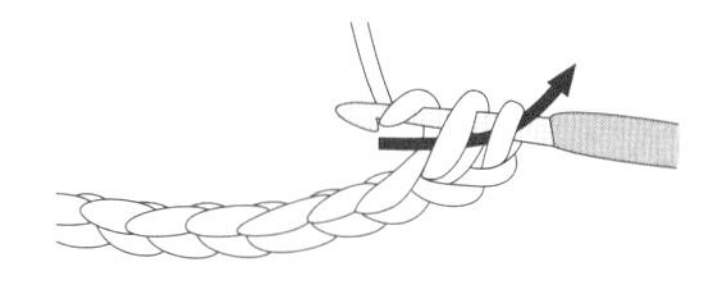

④按照相同要领继续钩织。

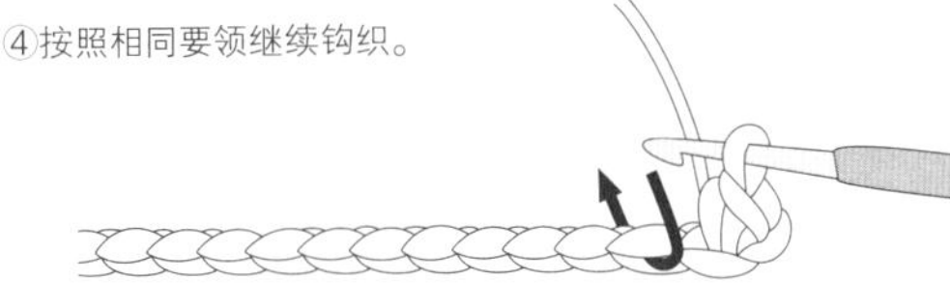

⑤第 1 行织完后，钩织 1 针立织的锁针。

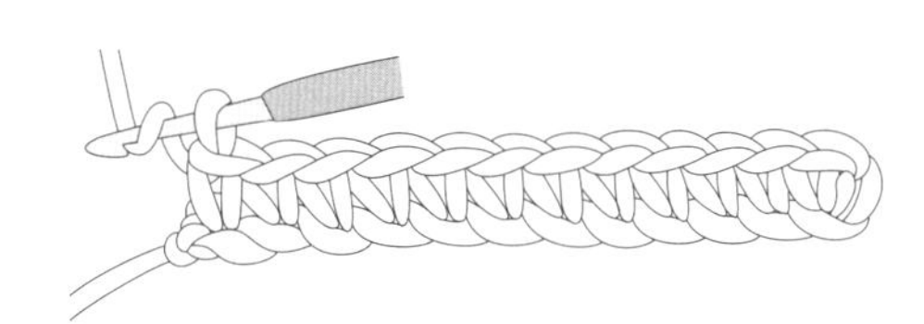

⑥改变织片方向，按照相同要领继续钩织。

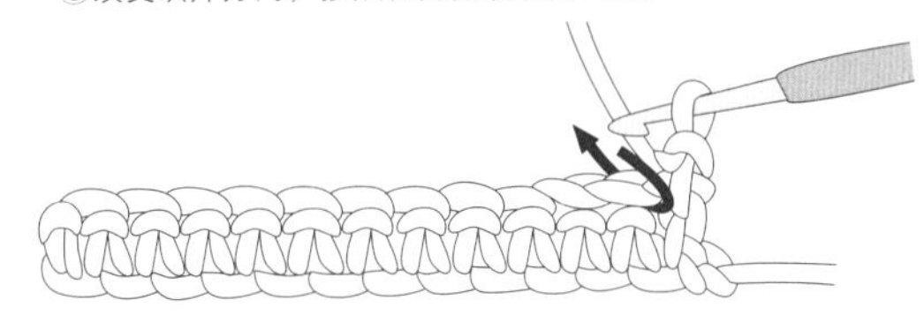

⑦钩织至端头处，然后重复步骤⑤。

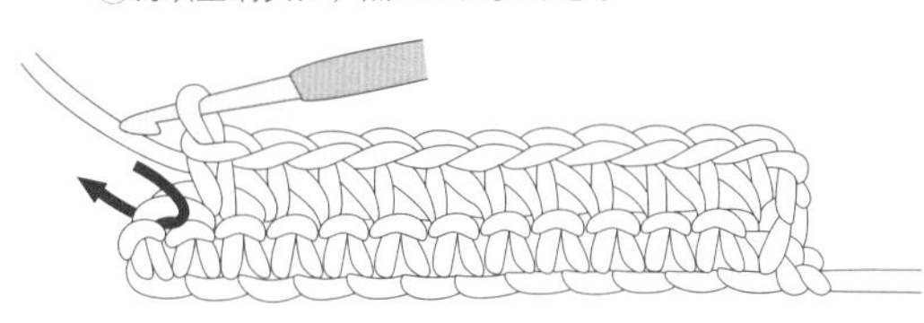

换色的方法

正面换色

最后引拔时，将 A 线挂在钩针后面，用 B 线全部引拔。

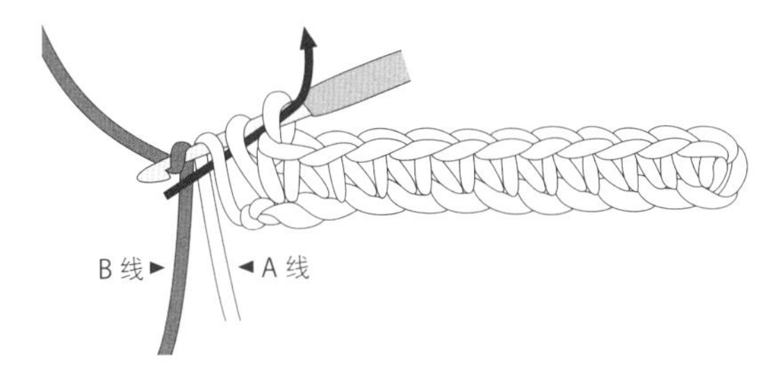

反面换色

最后引拔时，将 A 线从后面挂到前面，用 B 线全部引拔。

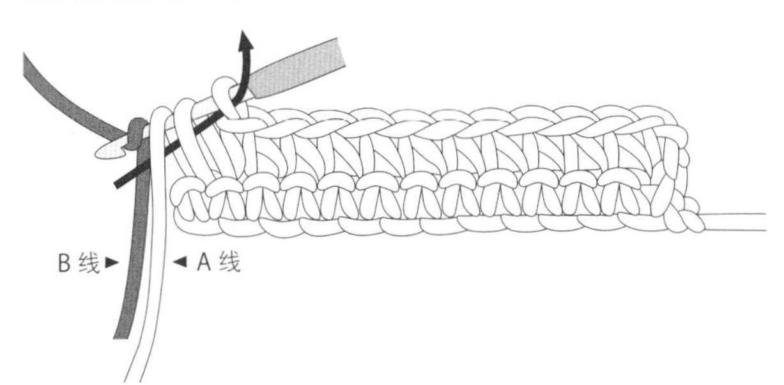

反面换色的短针钩织的花片

钩织符号和钩织方法

锁针

将线绕在钩针上，挂线引拔。

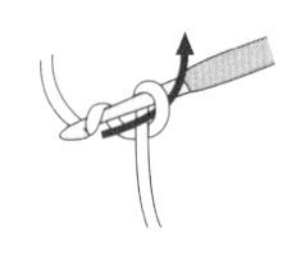

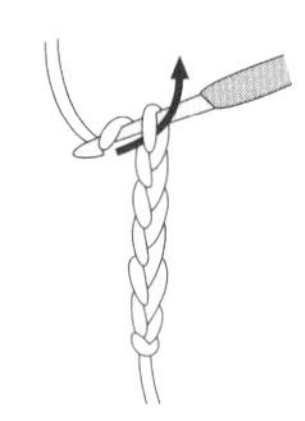

引拔针

将钩针插入锁针顶部的 2 根线中，挂线引拔。

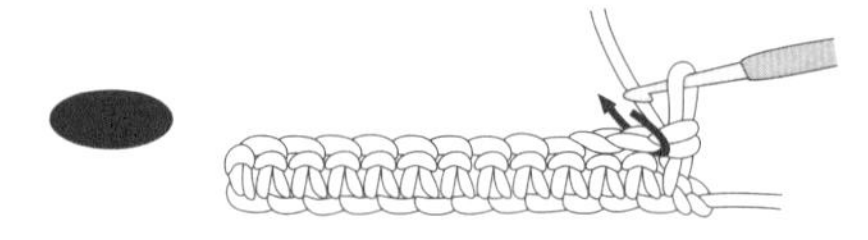
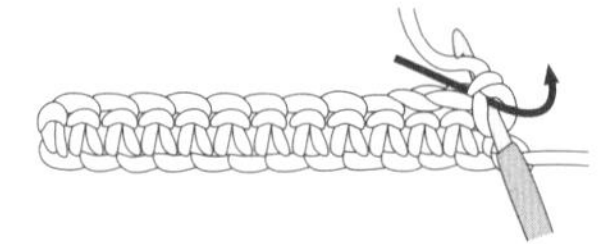
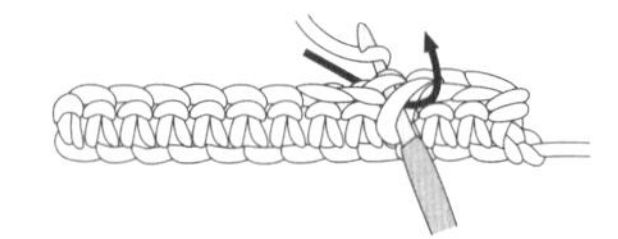

短针

立织的 1 针锁针不计入针目。

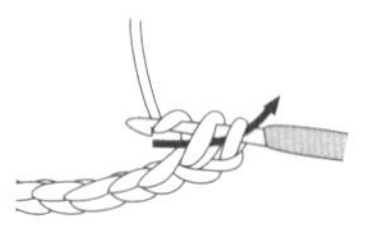

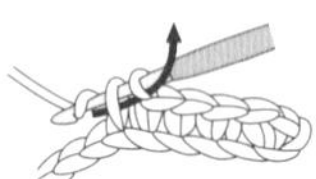

中长针

立织的 2 针锁针计为 1 针。

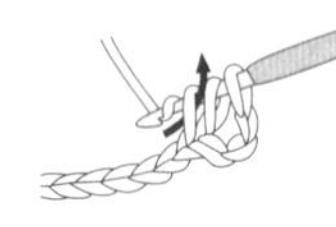
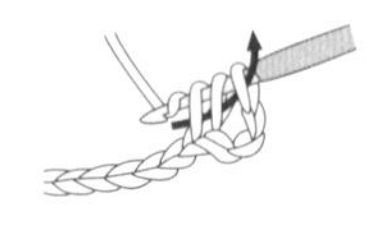
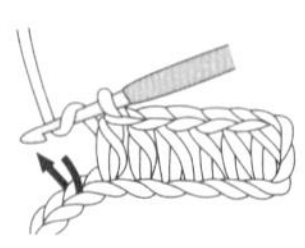

长针

立织的 3 针锁针计为 1 针。

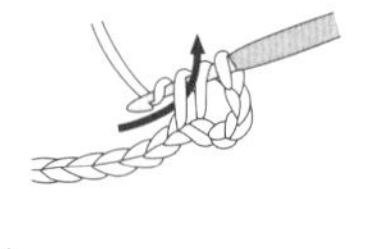

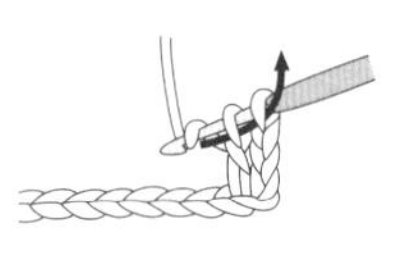
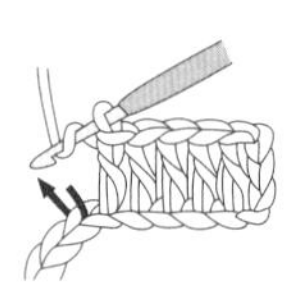

长长针

立织的 4 针锁针计为 1 针。

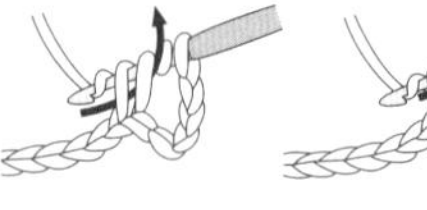
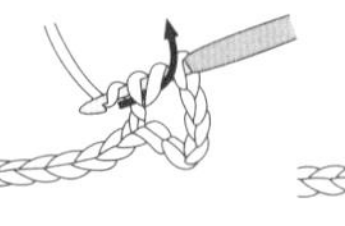
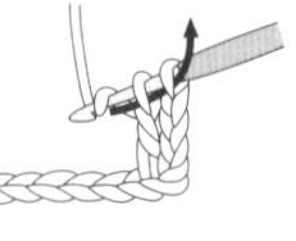
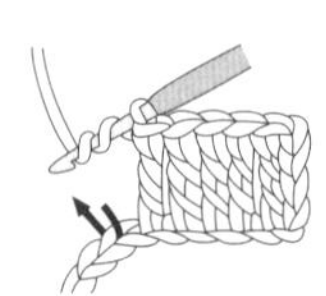

反短针

不改变织片方向，从左向右钩织。

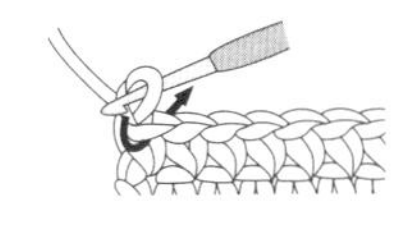
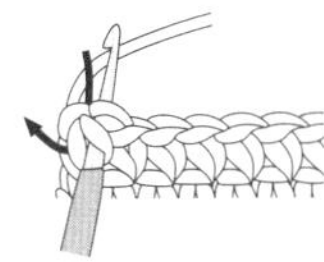
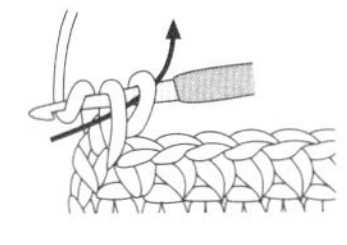
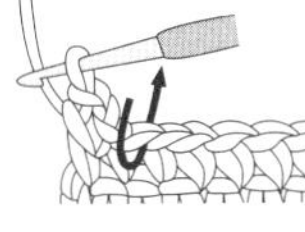
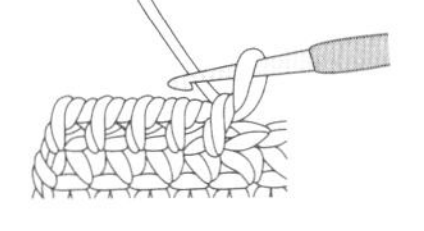

3 针长针的枣形针

在同一个针目中织入 3 针长针。

5 针长针的枣形针

在同一个针目中织入 5 针长针，然后抽出钩针，插入第 1 针长针的顶部，挂线引拔。

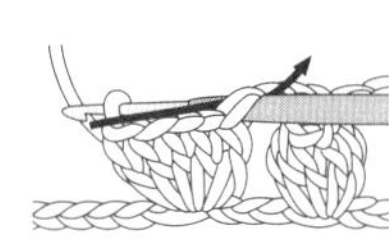

长针 2 针并 1 针

将 2 针长针并为 1 针。

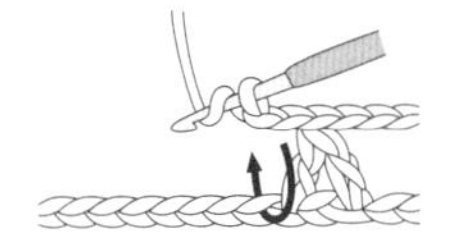
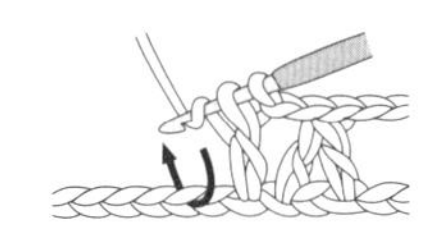
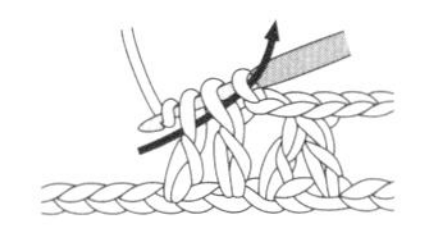

1 针放 3 针长针

在同一个针目中织入 3 针长针。

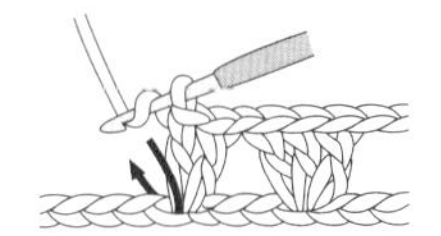
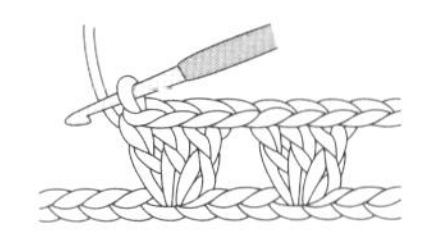

3 针锁针的狗牙针

如箭头所示织 3 针锁针，将钩针插入第 1 针锁针底部 2 根线中，挂线引拔。

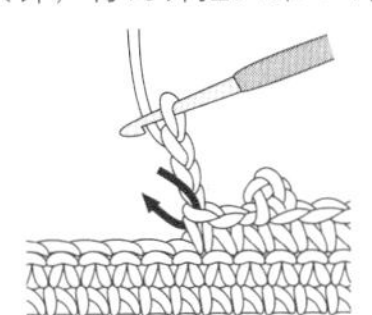
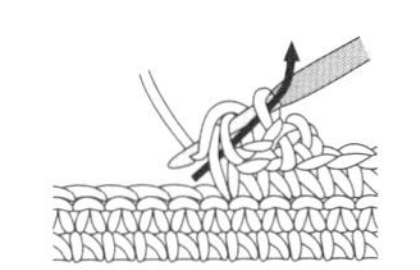
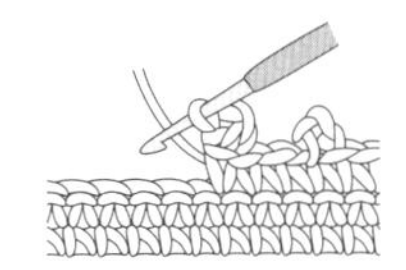

花片的连接方法

卷针缝（半针时）

①2片花片正面朝上，两条边并排对齐，将手缝针插入第1片和第2片的边角处（靠在一起的地方）的针目，挑取内侧半针，一针一针进行卷针缝。

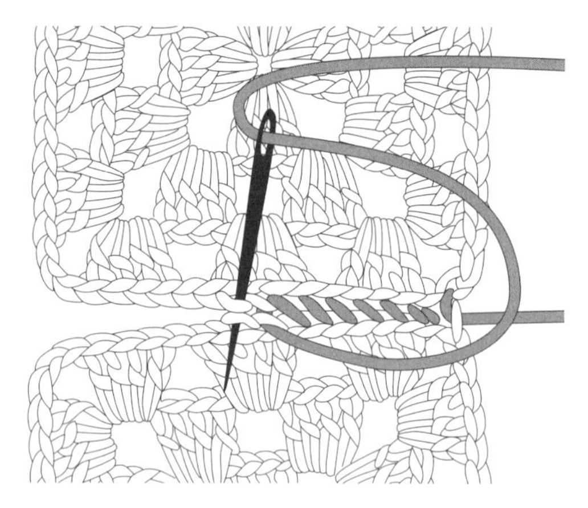

②挑取第4片花片边角处的针目，按照步骤①的要领缝合。

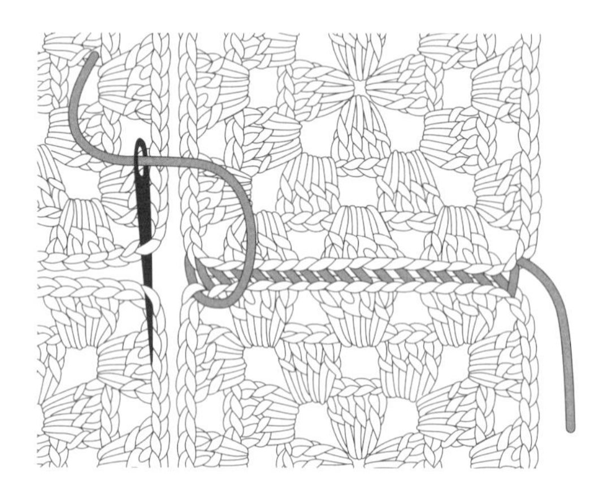

③第1片和第4片之间斜着渡线。

④第1片和第3片按照步骤①、②的要领缝合。边角和步骤③的挑针方法相同。

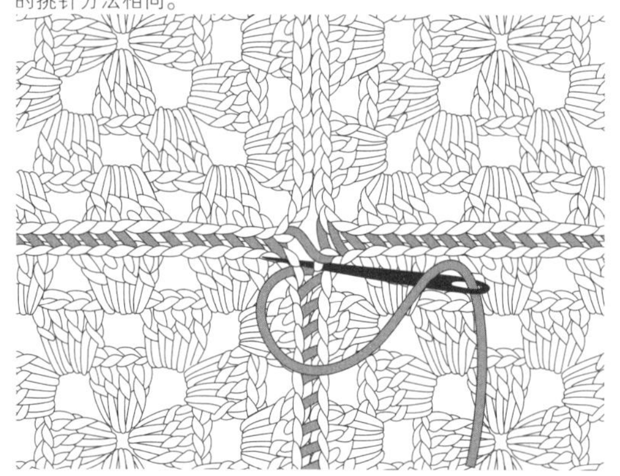

⑤连接的正面边角呈十字渡线。

引拔接合（全针时）

①将 2 片织片正面相对对齐，将钩针插入端头 2 个锁针针目的顶部，挂线引拔。

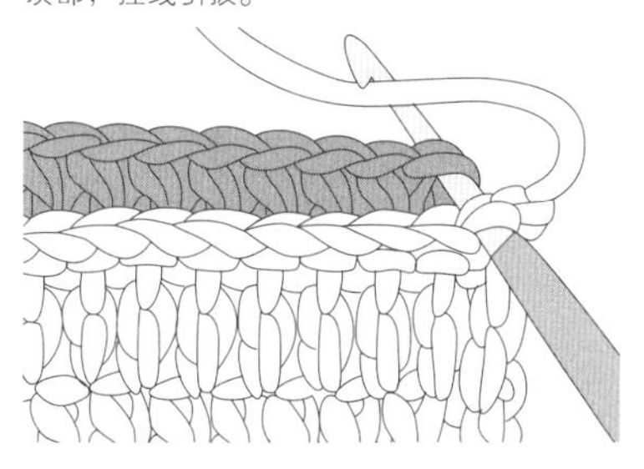

②将钩针插入下一个针目，挂线钩织引拔针。

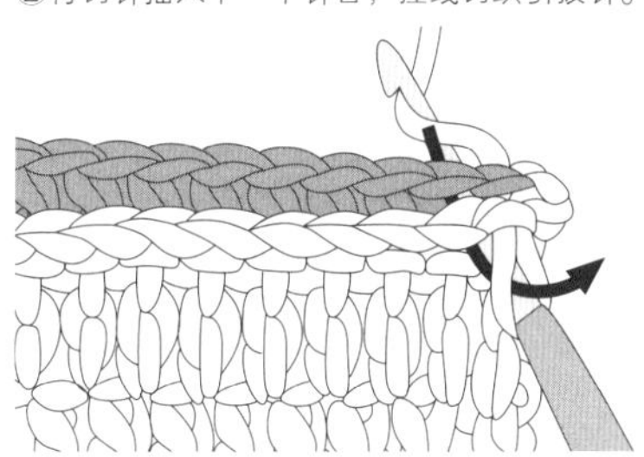

③重复钩织引拔针。

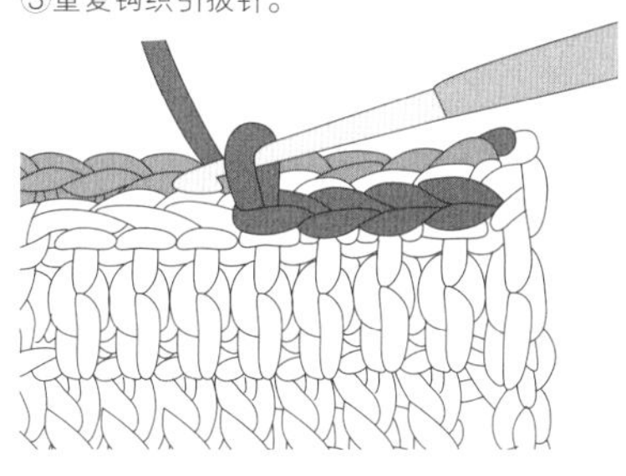

コ形缝合（全针时）

①2 片织片正面朝上，两条边并排对齐，从前向后挑取端头 2 个锁针针目的顶部。

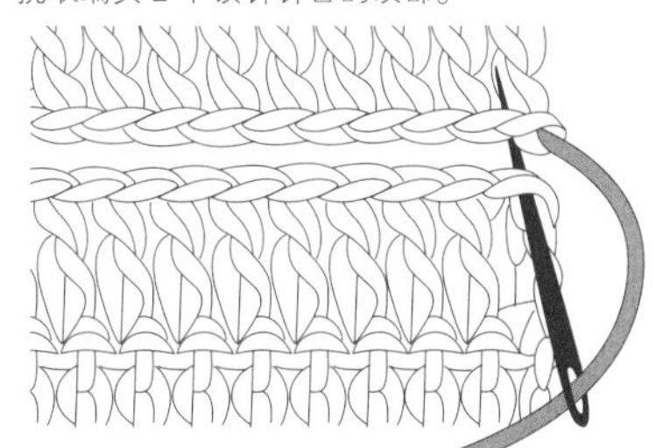

②下一个针目从后面引拔。

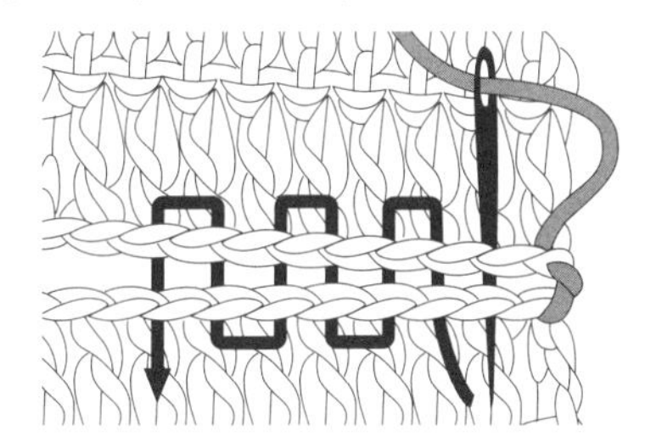

③缝合的针迹像“コ”形。

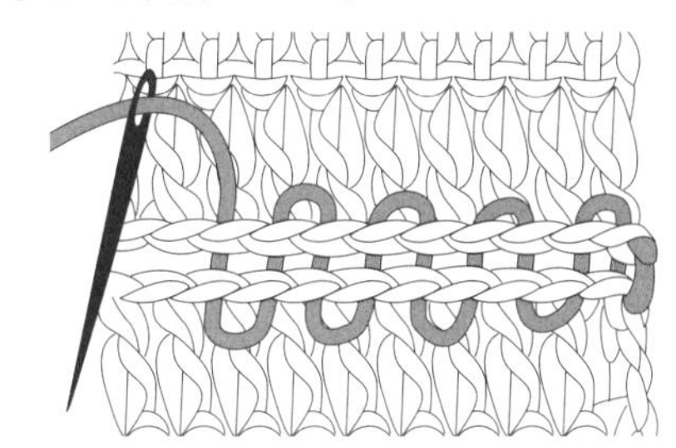

毛绒球和流苏的做法

毛绒球

将线缠在比成品宽 1cm 的厚纸上，缠绕 50 圈（※ 根据线的粗细调整圈数）。从厚纸中间的剪口处缠入 1 根线，将线团中间系住。从厚纸上取下来，将左右两端的线圈剪开。用手将毛绒球整理成饱满的圆形，并用剪刀将线头修剪整齐。

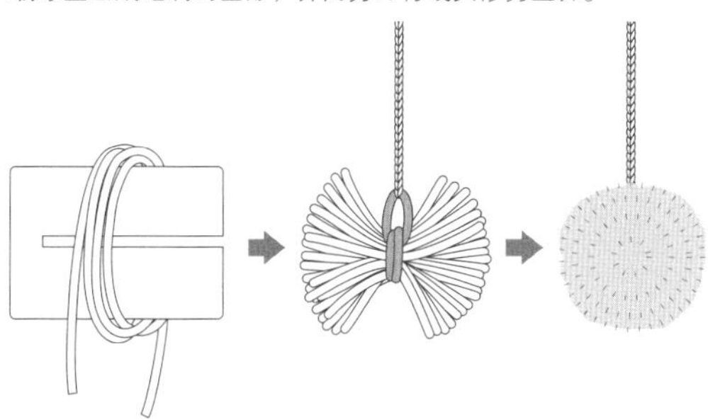

流苏

将线缠在比成品宽 1cm 的厚纸上，缠绕 30 圈（※ 根据线的粗细调整圈数）。将线穿入线圈和厚纸之间，系紧，然后取出厚纸。在个人喜欢的位置再系 1 根线，然后将线圈的下端剪开，将长度修剪整齐。

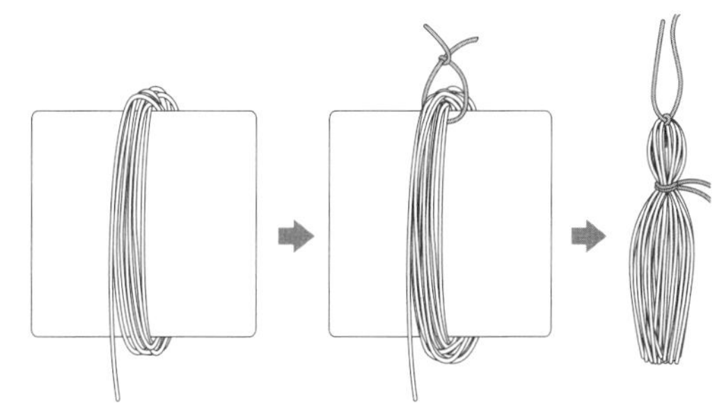

图书在版编目（CIP）数据

针尖上的色彩变奏曲：钩织花片配色事典/日本光晕组合编著；余本学译. —郑州：河南科学技术出版社，2016.1
ISBN 978-7-5349-7992-7

Ⅰ. ①针… Ⅱ. ①日… ②余… Ⅲ. ①钩针-编织-图集 Ⅳ. ①TS935.521-64

中国版本图书馆CIP数据核字（2015）第257204号

出版发行：河南科学技术出版社
地址：郑州市经五路66号　邮编：450002
电话：（0371）65737028　65788613
网址：www.hnstp.cn
策划编辑：刘　欣
责任编辑：刘　欣
责任校对：刘　瑞
封面设计：张　伟
责任印制：张艳芳
印　　刷：北京盛通印刷股份有限公司
经　　销：全国新华书店
幅面尺寸：190 mm × 260 mm　印张：12　字数：100千字
版　　次：2016年1月第1版　2016年1月第1次印刷
定　　价：58.00元

如发现印、装质量问题，影响阅读，请与出版社联系并调换。